图说公共建筑能耗的数据挖掘与模型方法

SCHEMATIC OF DATA MINING AND
MODEL METHOD OF
NON RESIDENCIAL BUILDING
ENERGY CONSUMPTION

谭洪卫 · 著

U0183754

同济大学 出版社
TONGJI UNIVERSITY PRESS

图书在版编目（ＣＩＰ）数据

图说公共建筑能耗的数据挖掘与模型方法 / 谭洪卫
著 . -- 上海：同济大学出版社，2021.7

ISBN 978-7-5608-7961-1

Ⅰ.①图… Ⅱ.①谭… Ⅲ.①公共建筑－建筑能耗－
数据采集－图解 Ⅳ.① TU242-64

中国版本图书馆 CIP 数据核字 (2021) 第 153446 号

图说公共建筑能耗的数据挖掘与模型方法

谭洪卫 著

责任编辑 高晓辉 宋 立
责任校对 徐逢乔
装帧设计 唐思雯

出版发行 同济大学出版社 www.tongjipress.com
地　　址 上海市四平路 1239 号 邮编：200092 电话：021-65985622
经　　销 全国各地新华书店
印　　刷 浙江广育爱多印务有限公司
开　　本 710 mm × 960 mm　1/16
印　　张 11.5
字　　数 230 000
版　　次 2021 年 7 月第 1 版　2021 年 7 月第 1 次印刷
书　　号 ISBN 978-7-5608-7961-1
定　　价 88.00 元

本书若有印装问题，请向本社发行部调换

《图说公共建筑能耗的数据挖掘与模型方法》编委会

谭洪卫 著

编 委

刘华珍、方海洲、罗淑湘、王雯翡、庄智、季亮

课题参与及支持单位

同济大学

上海市建筑科学研究院有限公司

中国建筑科学研究院有限公司

北京建筑技术发展有限责任公司

上海新能源科技成果转化与产业促进中心

协力企业

上海延华智能科技股份有限公司

研华股份限公司

深圳市紫衡技术有限公司

江森自控（中国）有限公司

　　本书的主要内容是在著者主持的"十三五"重大研发计划项目（项目编号：2017YFC0704200）课题四和上海市科委研发计划项目（项目编号：14DZ1202000）的研究成果基础上编撰而成，编撰工作得到陈义波、刘兆辉、蒋凯、李震宇、张艺、戴宁芳、王兴智、丁仁荣等课题组成员的大力协助，也得到相关企业的协助和支持。在此对参与课题的单位及人员、以及提供素材支持的企业表示感谢！

随着绿色低碳发展国策的不断推进，特别是 2020 年我国向全世界庄重承诺 2030 年前实现碳达峰、2060 年实现全社会碳中和的目标下，资源与环境对社会经济发展的约束愈发凸显。由于我国城镇化快速发展和城市更新及功能提升的需求，建筑能耗在未来 10 年仍然呈现刚性增长的趋势，建筑节能将成为全国碳达峰、碳中和行动方案的重要组成。尤其是公共建筑，虽然建筑面积占比不是最大，但能耗强度大、发展增速快、管理水平参差不齐，其节能潜力最大，是建筑领域从相对节能走向绝对节能的重点领域。

近 10 年来，为摸清建筑能耗特征，提升建筑运行能效，各地相继建成省市级、园区（校园）级和纵向行业领域级的大型公共建筑能耗监测平台，已采集了数以万计的建筑的能耗数据。但由于一些先天不足和管理粗放，数据质量不高，难以充分发挥能耗数据平台对优化建筑运行、提升建筑能效的支撑作用。

本书作者团队，基于十余年来建筑节能监管体系建设领域的科研积累和实践经验，以及所承担的国家"十三五"重大研发计划项目相关课题的科研成果，结合案例生动解析了能耗数据的识别（能耗模式）、数据挖掘技术及建模的方法。该书以图显"数"和以"数"识图，将枯燥的数据和数据挖掘方法解说，通过数据画像（呈现能耗的类与型）、数据学习模型（提炼出能耗特征与规律）和数据案例验证，以图文并茂的形式呈现给读者，力求方法论与实践案例结合，深入浅出，通俗易懂，奉献给读者轻松的阅读体验和数据挖掘的"干货"。该书是该领域鲜见的具有图解风格的专业图书，可为相关领域的研究、工程及管理人士理解建筑运行能耗规律、掌握数据分析方法及数据应用提供专业参考。

徐强

上海建科集团股份有限公司总工程师

2020 年 12 月

建筑能耗，在社会终端能耗中的占比仅次于工业能耗，是第二能耗大户，且在我国快速城镇化进程中因巨大刚需呈持续上升趋势，我国面临着能源与环境的巨大压力和挑战，发展绿色建筑已成为社会生态文明建设的重要组成部分。特别是在构建低碳社会上升为国家发展战略、2030 年前实现碳达峰和 2060 年前实现碳中和成为具体发展目标的背景下，建筑节能将成为现阶段碳减排的重要一环。

近年来，以提升建筑运行管理水平及能效水平为目标导向的公共建筑节能监管体系建设，逐渐覆盖了省市级平台、园区（校园）级平台、纵向行业领域级建筑群平台以及单体建筑，已采集了数以万计建筑的能耗数据。

然而，监测采集的大量能耗数据尚未能充分发挥其预期的作用。数据质量和数据运营管理能力的不足阻碍了数据挖掘技术的应用，既有的模型方法的局限制约了数据价值的挖掘和应用。

本书依托作者团队承担的国家"十三五"重大研发计划项目（基于全过程的大数据绿色建筑管理技术研究与示范，项目编号：2017YFC0704200）相关课题研究，以优化公共建筑运行为目标导向，基于公共建筑在线运行能耗（现阶段在线能耗局限于电耗）数据挖掘和模型研究，针对能耗预测、需求管理、能效评价、优化策略等数据应用场景提供了基础支撑，展望了未来发展前景。

本书以图说方式，简洁、直观地概述了我国公共建筑节能监管平台的发展、能耗数据的现状、既有模型方法的瓶颈问题，并聚焦数据挖掘、建模方法，解说了基于数据驱动的建模技术。本书将枯燥的数据和数据挖掘方法解说通过能耗数据画像（呈现能耗的类与型）、数据学习模型（提炼出能耗特征与规律），给出数据案例验证并以图文并茂的形式呈现给读者，力求方法论与实践案例结合，让"数据"可视、有型、易读、可用。

愿本书这种图解风格既能带给读者轻松的阅读体验，也能提供专业参考。

谭洪口

2020 年 12 月

目录

序言

前言

公共建筑能耗数据的
应用需求与现状

APPLICATION DEMAND AND
PRESENT SITUATION OF
NON RESIDENCIAL BUILDING
ENERGY CONSUMPTION DATA

在经济快速发展背景下，公共建筑虽然在建筑总量中占比不大（21%），但能耗大、能耗强度高（图 1-1）[1]，其中电耗占主要部分（图 1-2）[2]，公共建筑是建筑节能的主要目标对象。对公共建筑能耗状态的把握以及能效管理都离不开运行数据的支撑。相较于发达国家，我国的公共建筑能效管理水平参差不齐、相对滞后的主要原因之一就是缺乏量化管理，"没有计量就等于没有管理"一针见血地指出了问题的关键。在建筑业快速发展、管理粗放的状态下，公共建筑节能潜力巨大。随着近年来对建筑节能的关注度和推进力度的上升，能耗监测成为一个重要抓手，能耗（本书主要聚焦电耗）在线数据平台的建设成为刚性需求，且与物联网、大数据、云计算、人工智能新技术相遇催生出大量新概念，如"建筑大数据""智慧建筑""建筑大脑""智慧能源"等。

其实，目前建筑能耗数据尚远谈不上大数据，充其量也就是海量数据范畴。而智慧建筑究竟能智慧到怎样的程度，尚且看不到具象。传统的汽车已开始步入数字驱动、智能自动驾驶的时代，而人们也对未来的智慧建筑充满了期待。着眼当下，对建筑运行数据的研究与应用，主要目标指向优化运行，但采集手段尚有局限，传感计装工程的标准化也很难与正在兴起的智能汽车相比，数据质量维护保障更是艰巨的挑战，对公共建筑运行数据的认识、分析及应用尚处于摸索阶段。

1.1　公共建筑电耗分项计量的前世今生

我国建筑节能工作在 2006 年出现了一个转折，开始重视实效评价，从过去的定性评价走向定量评价（图 1-3）[3]。并从分项计量入手，提出了电耗模型的概念（图 1-4）。

2006 年，清华大学建筑节能研究中心提出并开始研发大型公共建筑用电分项计量系统平台，并获得国家"十一五"科技支撑项目"大型公共建筑能量管理与节能诊断技术研究"（编号：2006BAJ01A00）资助。住房与城乡建设部于 2008 年 6 月颁布《国家机关办公建筑和大型公建能耗监测系统分项能耗数据采集技术导则》，形成了公共建筑分项计量雏形（图 1-5）[3]。同一时期推出的还有《高校校园节能监管平台建设与运行管理技术导则》[4]。从此，建筑运行进入量化管理时代。经过十余年，初步建立起对建筑运行中电耗的实时监测及能效量化管理的基本体系（图 1-6）。然而电耗数据的分项分类受限于资金及计装实施条件的局限，尚处于粗放阶段，未能完全对应建筑本身管理需求。

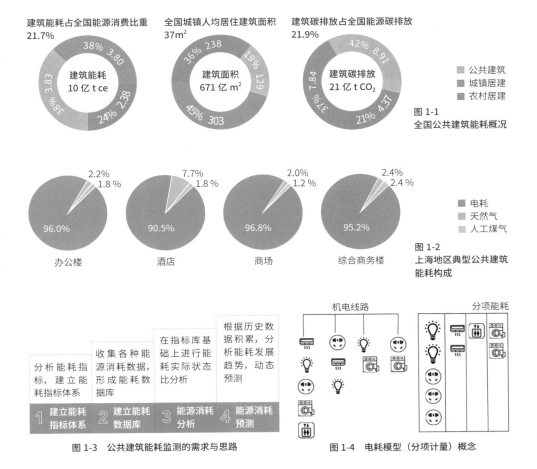

图 1-1
全国公共建筑能耗概况

图 1-2
上海地区典型公共建筑
能耗构成

图 1-3 公共建筑能耗监测的需求与思路

图 1-4 电耗模型（分项计量）概念

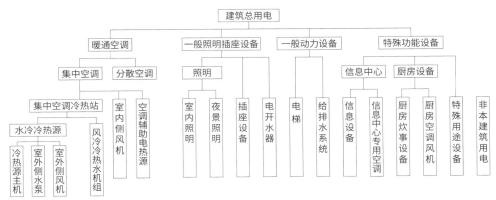

图 1-5 初期的大型公共建筑能耗监测框架（分项能耗模型）[1]

目前，对电耗分项计量所预期的"可比性、易用性、完备性和适应性"大多数也只体现在宏观粗放层面上，而在具体面向系统优化运行，面向不同类型公共建筑，或是同一建筑不同功能区域（部门）的能效管理方面还未完全发挥作用。

这里的分项计量限于电耗在线计量，主要聚焦照明、空调、动力和特殊用电这四大分项，其中"照明"在现实中难以单独分离而与插座合并成为"照明与插座"分项，成为较为混杂的电耗分类数据，难以辨识用能模式。鉴于计装上难以区分计量，实际应用中许多时候也只好"连猜带蒙"来辨识真相。学术研究上不少学者提出了诸多估算、拆分方法。

公建能耗数据的现状可谓是"贫信息、粗计量、质量差"，不但与大数据相差甚远，且"质"上更是堪忧（图1-7）。

随着建筑能耗监管平台建设的深入以及物联网技术的发展，在国家"十三五"重大科研计划项目中研究并对公共建筑分项、分类、分级能耗数据的采集分类提出了新框架和新模型（图1-8）[5]。

显然，面向未来的建筑运行管理需求，分项、分级、分区能耗模型的定义将更规范和更完善，计装工程也将更加到位，数据技术手段将更先进，从而对数据的挖掘利用才会得到支撑和落地。

1.2　公共建筑在线电耗监管平台的各色各样

近年来，我国基于分项计量数据的公共建筑节能监管平台建设可谓发展迅猛，在各地、各行业领域推广开来，图1-9展示了平台的构架和构成。

这些平台可简要地分为四个类别：①依托国家示范项目资金支撑的省市级政府办公及大型公共建筑节能监管平台（跨区域管理、大型公共建筑）；②高校校园节能监管平台（大型建筑偏少、一般规模建筑居多）；③第三方节能服务企业运营的建筑能效管理平台（涵盖大型和一般规模公共建筑、跨区域）；④分行业或领域的建筑节能监管平台（如医院系统、大型商场连锁等）。不同领域的公共建筑节能管理平台如图1-10所示。

1.2.1　政府办公及大型公共建筑节能监管平台

1. 概要

政府办公及大型公共建筑节能监管平台可简单概述如下。

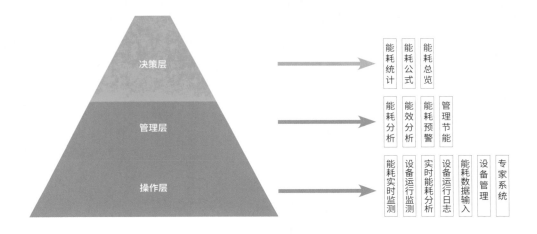

图 1-6　公共建筑分项计量平台架构

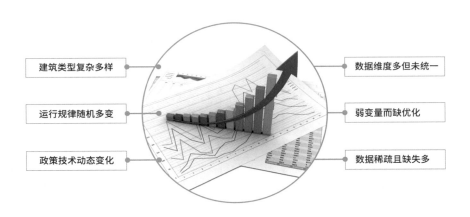

图 1-7　公共建筑能耗数据现状

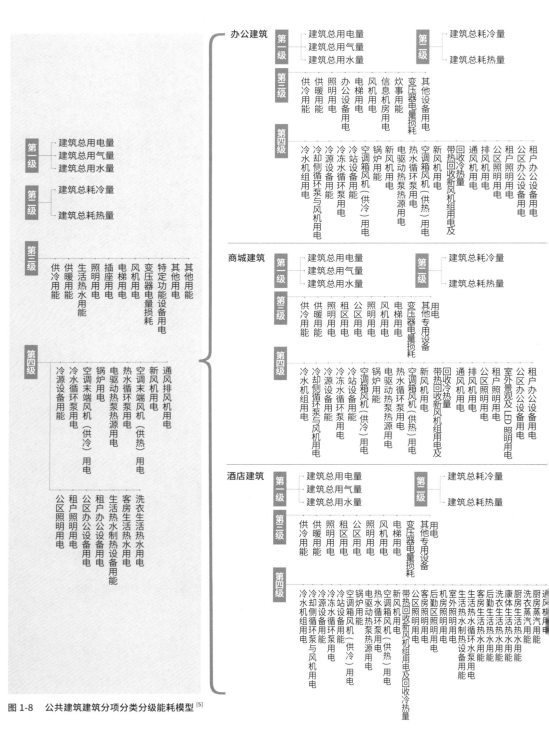

图1-8　公共建筑建筑分项分类分级能耗模型[5]

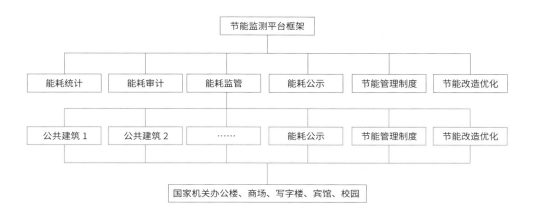

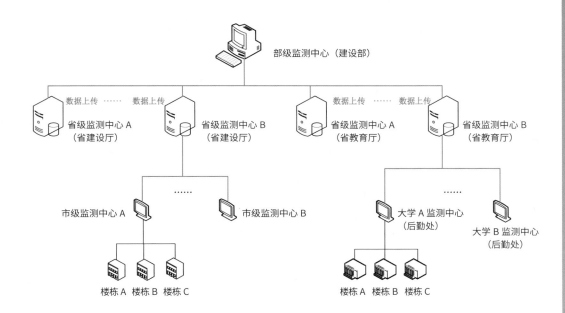

图 1-9　各级各类的大型公共建筑平台构架

1）范畴

政府办公及大型公共建筑节能监管平台，顾名思义针对大型且是公共建筑而非居住建筑；且限于采用集中空调系统的建筑。

2）平台特点

由政府主导建设，跨区域、跨行业，功能上偏重于政府部门的宏观管理功能。

3）运营体制

由政府委托第三方的托管方式。

4）存在问题

①其主要功能是汇总数据，与建筑运营无直接关联；②数据采集环节（示范对象的建筑现场）与平台管理方（政府委托第三方管理、远程托管）脱离，缺乏紧密联系和互动；③作为示范项目但其责权不明确，业主不关心、利益驱动力不足；④缺乏可持续的专项资金支撑以及能力建设不足。

目前除了上海、深圳等少数的省市级平台每年对外发布数据实施公示外，大多数平台数据尚未发挥社会效益，数据处于孤岛状态。且所有平台数据尚没有实现可供公众查询和提供社会服务的功能。

5）发展过程

截至 2018 年，已有北京、上海、天津、重庆、深圳、江苏、山东、黑龙江等省市平台通过了国家验收，在线监测 11000 栋政府办公及大型公建。

目前资助建设的省（自治区、直辖市、单列市）已达 33 个，初步建立起大型公共建筑的能耗监测网络。早期，政府办公及大型公共建筑分项计量数据平台主要呈现三类模式，以国家住房及城乡建设部提出的模式（简称模式 A）、深圳建筑科学研究院提出的模式（简称模式 B）、清华大学提出的模式（简称模式 C）为代表。图解特点如下：

（1）模式 A（图 1-11）[3]

① 优先采集建筑机电系统电耗，按照明插座、空调、动力、特殊用电四大分项；

② 不关注细分项，简单易行；

③ 数据分类模型不够清晰。

（2）模式 B（图 1-12）[6]

① 细化分项，明确了拆分原则，提供了间接计量的空间；

② 现场监测增加，数据质量依存于经验和数据；

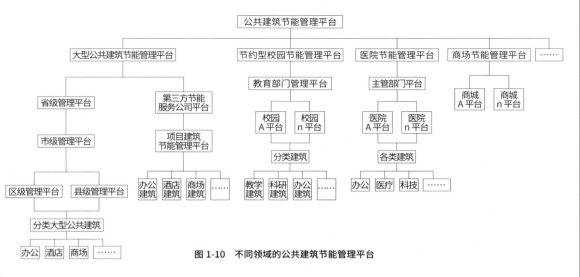

图 1-10　不同领域的公共建筑节能管理平台

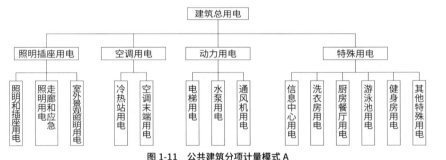

图 1-11　公共建筑分项计量模式 A

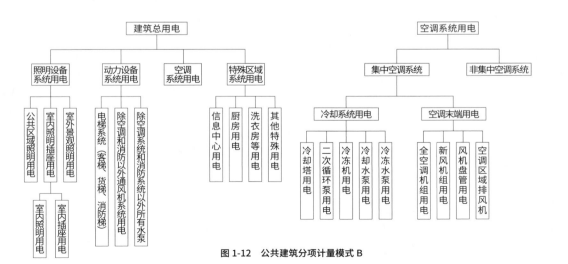

图 1-12　公共建筑分项计量模式 B

③ 提供了监测数据的拆分思路；

④ 首创容量比例法、量小不计法、稳定实拆法、挡位计时法、特征分析法等细分数据。

（3）模式 C（图 1-13）[7]

① 监测分项层级细化、拆分层级多具有灵活性，末端能耗估算便捷；

② 设计施工门槛高、拆分实施难度大；

③ 提供了数据拆分思路。采用方波估算法（依靠额定功率估算未计测能耗）。[8]

随着传感、通信、数据科技的发展以及用户需求的延伸和拓展，早期的公共建筑分项计量内容和深度也有了拓展和提升，从数据采集汇总平台逐步发展为节能监管平台（图 1-14）。

2008 年前后，连续出台了大型公共建筑分项计量相关技术导则。[9-12]

2. 政府办公及大型公共建筑节能监管平台案例

代表性的公共建筑节能监管平台案例如上海市公共建筑节能监管平台[13]。其主要特点简要归纳如下。

1）架构

覆盖市级 + 区县级 + 国管局管辖的政府办公楼（简称 1+17+1），即一个市级平台、17 个区县平台、一个国管局下辖办公建筑平台，如图 1-15 所示。

平台功能着眼于宏观管理（图 1-16），计装系统如图 1-17 所示。

2）数据应用状况

宏观统计分析：分类指标及分析历年变化趋势，如图 1-18 所示。

宏观规律分析：公共建筑能耗的季节性差异性辨识，如图 1-19 所示。

宏观指标管理：公共建筑能耗强度的分类指标管理，如图 1-20 所示。

平台着眼于公共建筑共性的四大分项电耗数据分析与管理。四分项电耗结构比例关系如图 1-21 所示。未考虑不同各类公共建筑中各异的业务特性与管理需求的数据分类。

这些平台的数据分类汇总结果展现了几个显著特点：①"照明与插座"分项占比最大（也是最模糊的分项数据）；②"空调"分项次之，与"照明与插座"之和在建筑总电耗中占比超 70%；③"空调"分项电耗占比最高者为医疗卫生建筑，而"照明与插座"占分项电耗比最高为办公、商场建筑。

目前平台的数据应用偏重于面上的能耗数据统计。

这些平台都是政府资助的示范项目，旨在推动建筑节能量化管理及能效升级，平台

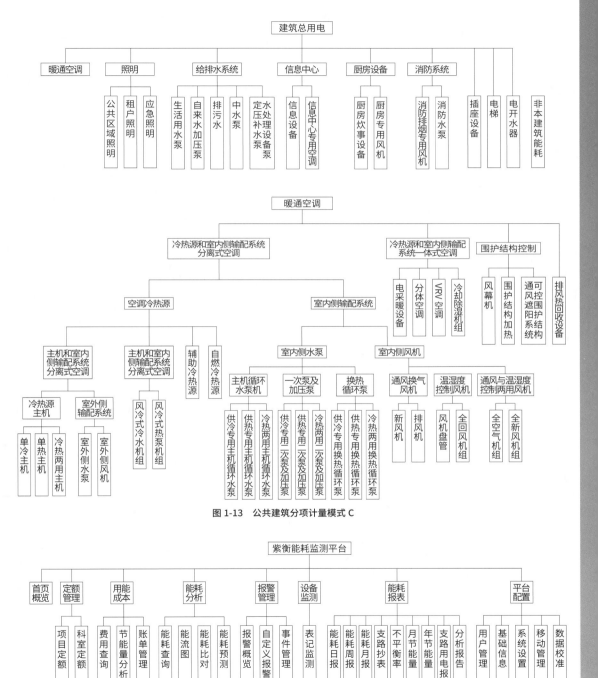

图 1-13　公共建筑分项计量模式 C

图 1-14　目前主流的大型公共建筑监管平台架构

的使用主体是政府，所以能耗数据的目标指向往往是带浓厚行政管理色彩的面上统计以及指标体系建设。

3）瓶颈问题

这样的示范平台虽然发挥了初期的启蒙和引领作用，但由于计装系统责权不清，平台与业主利益不挂钩（主要服务于政府管理），资金为一时性资助，所以缺乏后续发展动力和财力，也缺乏后续可持续运维机制和能力。

因此，这种模式只能是阶段性、过渡性的，需要转为市场服务型模式。未来政府或行业管理的数据可来源于市场化的平台数据支撑，"政府购买服务"应该是未来发展的一种合理选择。

小贴士	大型公共建筑的定义：超 2 万平方米规模、且采用集中空调系统的公共建筑。 政府购买服务：财政部于 2014 年 12 月 15 日颁布的《政府购买服务管理办法（暂行）》（财综(2014) 96 号）[11]，只要不在负面清单内的都可实施。

1.2.2 高校校园节能监管平台

1. 概要

2008 年，继政府办公建筑及大型公共建筑分项计量示范开始后，高校校园能耗在线监测平台示范建设也启动了。其特点是针对特定领域（教育领域），涵盖所有大型 /非大型的校园建筑与设施，既含有分项也含有分类能耗监测。

该类平台主要包含以下方面特点。

（1）**平台架构特点**：以单一业主（高校）的园区级建筑群为对象，具有行业管理 +属地管理的混合特点（图 1-22），上接教育主管部门管理功能，下承校园运维管理功能。

（2）**着眼点**：兼顾行业领域宏观管理（用能指标、定额管理）与校园内各建筑及设施的运维管理相结合，如图 1-23 所示。

（3）**覆盖面**：具备校园分类建筑总量计量全覆盖、重点建筑分项计量的粗细结合的特点。校园建筑量大面广、列入监测对象的主要电耗设备系统种类繁多（不仅限于大型，也不限于集中空调系统）；既包含公共建筑（办公、图书馆等），也涵盖特殊建筑

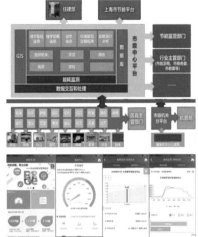

图 1-15　上海市公共建筑节能监管平台[10]

图 1-16　公共建筑监管平台的功能框架

政府办公建筑（kWh·m⁻²）

2018 年　78.1
2017 年　81.9
2016 年　85.0
2015 年　68.3

办公建筑（kWh·m⁻²）

2018 年　97.4
2017 年　97.8
2016 年　91.3
2015 年　86.2

旅游饭店建筑（kWh·m⁻²）

2018 年　126.0
2017 年　130.5
2016 年　124.8
2015 年　120.7

医疗卫生建筑（kWh·m⁻²）

2018 年　149.7
2017 年　152.5
2016 年　145.9
2015 年　139.5

商场建筑（kWh·m⁻²）

2018 年　177.8
2017 年　164.2
2016 年　143.5
2015 年　108.3

图 1-18　历年能耗变化趋势分析

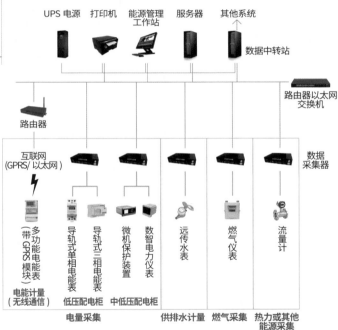

图 1-17　分项分类能耗计量系统图示

供热季用电
总用电 34.0 kWh·m⁻²
照明与插座 17.2 kWh·m⁻²
空调 9.7 kWh·m⁻²
动力 3.0 kWh·m⁻²
特殊 4.1 kWh·m⁻²

制冷季用电
总用电 43.4 kWh·m⁻²
照明与插座 19.1 kWh·m⁻²
空调 16.4 kWh·m⁻²
动力 3.5 kWh·m⁻²
特殊 4.4 kWh·m⁻²

过渡季用电
总用电 30.4 kWh·m⁻²
照明与插座 16.1 kWh·m⁻²
空调 7.2 kWh·m⁻²
动力 3.0 kWh·m⁻²
特殊 4.1 kWh·m⁻²

图 1-19　季节能耗变化趋势分析

（科研楼、实验楼等），还有非公共建筑（学生宿舍等居住建筑），如图 1-24 所示。

（4）**管理体制**：业主明确，即高校校方为唯一业主（相比而言，前面章节的大型公共建筑大多各有其业主）；主管部门单一（隶属高教系统），而大型公共建筑平台可能横跨不同行业领域。

（5）**功能**：校园建筑既要对接大型公共建筑平台（学校建筑设施管理也归口国家机关事务管理局指导）管理，又要形成校园自身节能监管体系；既要有类似大型公共建筑平台那样的、具有政府部门宏观管理特色的指标性管理功能（见前述），又要具备校园建筑设施自身的节能运行管理功能。

（6）**数据计量特点**：校园建筑及设施的监测数据不限于大型公共建筑的四大分项电耗，也需涵盖其他能源、水耗数据的分类统计和计量；还需结合校园管理特点，按生活服务设施、行政办公设施、教学设施、学科研究设施、实验设施、实习设施等实现校园建筑及设施的分类计量和管理。平台不限于在线的数据计量监测，也包括离线的相关数据统计。

（7）**数据应用**：宏观的指标比较分析也与大型公共建筑平台不同，需考虑不同类别高校校园的能耗指标比对与管理（教育主管部门需求）。例如综合型大学、理工类大学、人文类大学、专科职业学校等需要分类评价；同样，重点高校、一般院校也有所区别；不同地域分布的大学也存在差别等。

校园各类建筑的能耗指标评价和能效管理也需分类实施。在大型公共建筑的定义中笼统将校园建筑归类为"学校建筑"，然而，校园建筑涵盖多达十余类不同类型建筑，见表 1-1。

表 1-1 校园建筑类别

校园建筑类别	编码	校园建筑类别	编码
行政办公建筑	A	学生宿舍	H
图书馆	B	学生浴室	I
教学建筑	C	大型或特殊实验室	J
科研楼建筑	D	医院	K
综合楼建筑	E	交流中心	L
场馆建筑	F	其他	M
食堂餐厅	G		

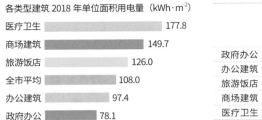

各类型建筑 2018 年单位面积用电量（kWh·m⁻²）

图 1-20　能耗强度指标统计与管理

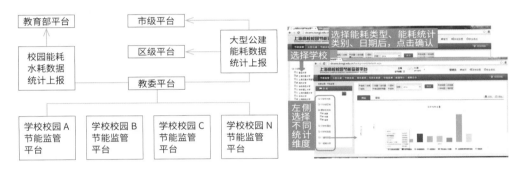

	照明和插座	空调	动力	特殊
政府办公	40.0%	34.6%	10.6%	14.9%
办公建筑	51.9%	29.8%	9.5%	8.8%
旅游饭店	43.3%	34.2%	8.8%	13.7%
商场建筑	51.0%	29.2%	7.3%	12.5%
医疗卫生	38.3%	35.1%	8.0%	18.6%

图 1-21　分项能耗强度指标统计与管理

图 1-22　校园上级管理平台

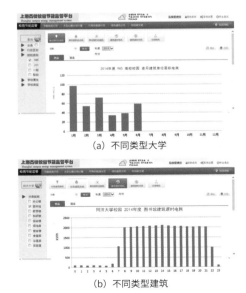

（a）不同类型大学

（b）不同类型建筑

图 1-23　结合校园建筑运行管理

图 1-24　校园各类建筑能耗及用能特点（比重结构）

2. 高校校园节能监管平台案例

校园节能监管平台有别于前述的大型公共建筑节能监管平台，校园具有明确、唯一的业主关系，平台建设紧密关联到校园后勤服务功能，如图 1-25 所示。

基本特征为：全面计量（所有校园大小建筑），分类管理（包含分类建筑总量与大型建筑机电系统分项），目标指向系统的运行优化及电耗、水耗的定额管理。

但也存在挑战，因为高校的主流业务为教学科研，科研实验建筑的节能管理存在难点。因此，初期阶段校园建筑节能监管的原则是优先公共建筑、聚焦共性问题，科研实验建筑暂不作为定额管理对象。

校园能耗数据的主要应用场景如图 1-26 所示（同济大学提供）。

1）宏观管理层面

（1）分类建筑总耗电量对比：横向对比和自我纵向对比（同比和环比），如图 1-26（a）所示。

（2）分类建筑能耗强度指标：单位建筑面积指标，单位生均指标，顺位排序，如图 1-26（b），图 1-26（c），图 1-26（d）所示，可细分到建筑或部门，支撑定额管理，和公示管理（能耗高低排序公示），如图 1-26（d）所示。

（3）实时监视与管理：实时把握用电规律和趋势，及时发现问题和对应管控，如图 1-26（e）所示。

生均指标是高校校园管理的重要指标，因为校园资源配置是基于在校学生数量的定额管理。然而，既有的定额管理标准为 1992 年制定的（简称 92 定额），只有资金预算、土地、建筑面积等定额标准，缺失能源、水资源等相关的定额标准。

2）中观管理层面

针对大型或重点用能建筑，着重于通用性的机电系统四大分项数据；与单体大型公共建筑节能监管平台相似。

3）微观层面运维管理

贴近后勤服务，关注建筑设备能耗及运行环境相关数据，聚焦节能优化运行。

例如，学生宿舍用电管理、校园路灯系统、供热系统、可再生能源系统、水处理系统用能等。

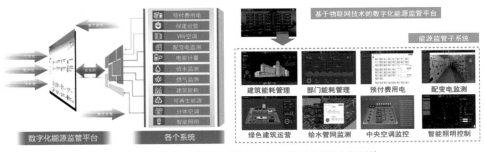

图 1-25 校园节能监管平台支撑校园后勤管理功能（资料由江南大学提供）

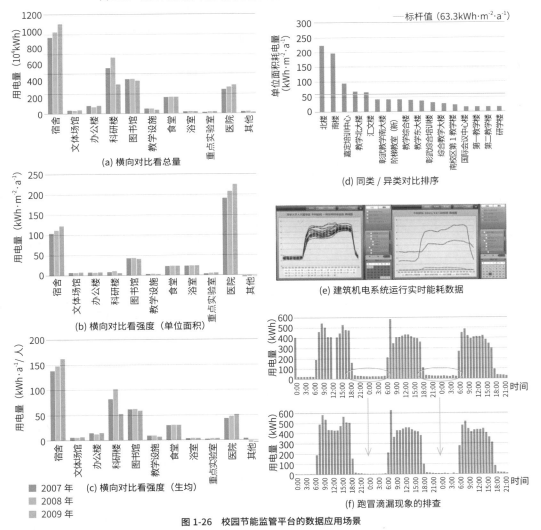

图 1-26 校园节能监管平台的数据应用场景

1.2.3　第三方节能服务企业运营的建筑能源管理平台

1. 概要

近年来,市场化的节能服务企业通过合同能源管理项目、节能改造项目运行起来的能源管理平台发展迅速,运营这些平台的企业也呈现从机电工程承包商走向可持续节能托管服务商的转型发展趋势。平台主要特点如下。

① 功能着眼于建筑运维优化管理(能效提升);

② 监测范围涵盖建筑机电系统分项、分类,以及需求侧的分户(分部门)的用电计量及相关运行参数的监测;

③ 在经济效益驱动下积极推进能耗数据挖掘与应用。

以下简要介绍传统建筑节能业务与能源管理平台的关系。

1)节能改造工程

"十一五"期间,上海市累计完成节能改造建筑面积 2 898 万平方米,其中居住建筑约占 2/3,公共建筑约占 1/3。既有公共建筑的节能改造涵盖了政府办公楼、商场、宾馆等大型公共建筑,且要求建立能耗监测平台,获得上海市建筑节能专项扶持资金的项目要求节能率达到或超过 20%。

然而,如何核定节能率?尽管后续出台了核定验收办法,但大多数项目的验收期限与节能改造工程的完成几乎同期,建筑能耗监管系统尚未采集到完整数据,所以大多数项目的验收都停留在简易的账单法或"短期的测量 + 计算"的简易方法。建筑节能效果的客观评价与验收需要连续记录(改造前后)的数据支撑,需要依赖于建筑能耗监测数据平台的建设和运营(图 1-27)。否则这些以工程示范为目标的项目,验收缺乏科学的实效评价,最终难以可持续发展。也有一部分节能改造示范项目是与合同能源管理融合或转型的。这部分项目运行数据与项目节能收益挂钩,相对容易闭环。

2)合同能源管理(Energy Rerformana Cotractiong,EMC)

如图 1-28 所示,这是一种在国外已经成熟市场化的节能服务模式,以节能量(节能经济效益)为盈利目标,以效益保障或分享为模式。为客户提供节能服务的基础是运行能耗数据平台的支撑,该领域数据平台建设和运营状况相对发展得好些,数据与服务业务及经济效益捆绑,关注合同服务对象的节能效益。但是,这些项目因合同内容而异,有针对建筑能耗整体的,也有仅限于局部系统的。数据覆盖面参差不齐。且不少 EMC

图 1-27　建筑节能改造示范项目核定与验收

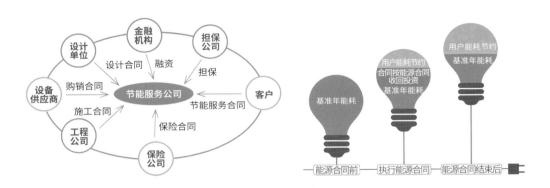

图 1-28　合同能源管理 EMC 项目与能耗监测数据

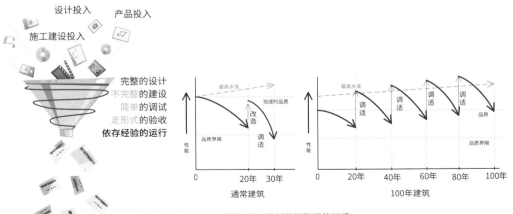

图 1-29　建筑机电系统调适与能耗监测数据的关系

项目企业受利益驱动采取短平快策略，导致项目含金量不高，不少属于更换节能灯具等设备工程内容，投资回收期短，能耗数据监测建设缺乏动机。

3）节能调适服务

节能调适服务是国内新兴的领域，需要基于完整的机电系统运行数据支撑，与EMC 项目的基础支撑相似，但区别是不一定局限节能量目标，侧重的是系统、设备的运行可靠性保障和能效提升。对数据的需求更细致，但主要局限于机电、特别是空调系统。目前社会的认知和认可度较低，处于启蒙阶段，近来相继有公共建筑调试技术导则、高校校园用能设施节能调适技术导则出台。调适的概念如图 1-29 所示。

4）节能托管服务（图 1-30）

节能托管服务是一种新型的业态，是秉持可持续发展理念、反思上述既有各节能服务模式的瓶颈问题而产生的创新服务模式。通过长期服务合同模式，贯穿机电系统、甚至建筑整体运维的全寿命周期、覆盖运维保障和提效的全环节，为客户提供专业、持久的节能服务。服务对象已不限于机电设备系统，也包括客户侧能耗需求管理等。建筑能源监管平台显示出"节能服务 + 互联网 + 大数据"的特色，且由服务方建设和运维，是确保数据质与量最可行的模式。

2. 第三方节能服务企业的代表性平台案例

平台特点：服务的业主对象跨地区、跨领域，案例得以有效积累且规模大，数据相对完整齐全、功能全面。图 1-31 展示了某节能服务企业平台的基本功能设计，具备以下特点。

（1）**覆盖面广**：目前该平台已覆盖 1158 栋建筑，建筑面积合计达 5610 万平方米。

（2）**监测规模大**：总监测电量超过 100 亿 kWh，最大监测负荷超过 1000MW。

（3）**监测线路渗透到末端**：平台已接入 6.5 万余块水电、气表。

（4）**功能全**：云平台跨区域、业务服务跨行业、功能可应对多类型建筑。

（5）**多版本**：包括政府服务版本、通用版本（大型公共建筑）、专业版本（分类公共建筑）。

（6）**跨平台系统**：可支持大屏版、手机版。

图 1-30 能源服务托管与能耗监测数据的关系

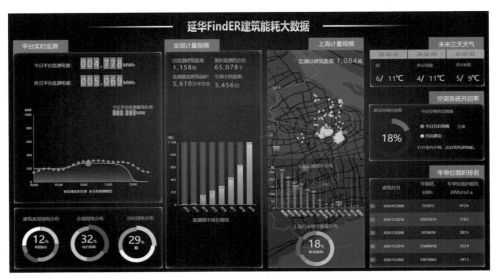

图 1-31 第三方节能服务平台介绍（延华公司提供）

平台虽主要应用于节能服务，但因涵盖大型公共建筑，这些需要纳入城市大型公共建筑节能监管平台数据对接与管理，因此也会兼顾政府服务平台功能（图 1-32）。图 1-32 也展示了面向公共建筑能源管理需求的内容、面向分类建筑的能耗分析、面向单体建筑的逐时能耗趋势和面向建筑分项能效管理。

数据应用场景除了面上的统计功能外，具体到单体建筑时，基本与前述的平台都是相似的，主要表现为基于运行数据的建筑电耗排名、指标对标、趋势分析、类比、分项分析、单栋总量分析等。

小	Q：分项计量示范工程存在怎样的机制问题？
贴	A：1 政府的扶持资金是一时性的，不可持续。
	2 企业的托管如果未能深入结合建筑业主需求并带来效益是不可持续的。
士	3 建筑业主如果没有明确的托管需求和动机是可能脱节的。

1.2.4　典型行业或领域的建筑能源管理平台

1. 概要

在典型公共建筑中，办公建筑的能源管理平台建设相对简单而起步早，但重点关注的应该是能耗大户的医院、商场、酒店、学校等领域或建筑。分属不同领域的平台需考虑不同业务需求，平台名称一般有"能源管理平台"或"节能监管平台"两类，实质并无差异，以下以医院为例说明。

1）医院节能监管平台现状与需求

医院是能耗大户，医院能源管理基础条件薄弱，多数医院仍处于粗放式管理阶段，不考虑科室能源成本，无定额管理，没有奖惩机制，缺乏能耗控制手段。同时，由于医院业务的多样性与特殊性，易造成负荷分配不均的现象。从数据统计上可以看出，综合型医院与专科医院用能分布差异较大。综合型医院的用能约 30%~60% 集中在门急诊部门，同时 25%~40% 左右的用能分布在病房住院部门。

随着医院后勤社会化外包比例不断扩大，设备运行管理社会化程度也越来越高。由图 1-33 可知，基础运行设备中空调设备和电梯设备运行管理外包情况最多，空调设备运行管理外包的医院占比 71%，电梯运行管理外包的医院占比 86%；另外，电梯、空调、

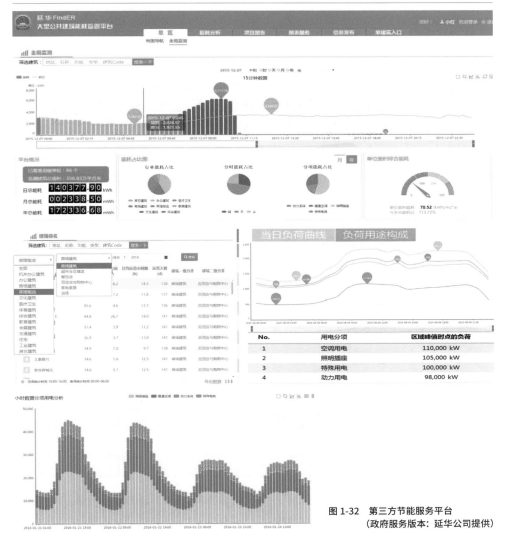

图 1-32　第三方节能服务平台
（政府服务版本：延华公司提供）

变配电设备维保外包情况最多，分别占比 100%、90% 和 76%。因此，应该基于自身能效管理及业务管理需求，逐步建立（自建或委托第三方）涵盖设施及能源管理的平台。然而，纵观大多数已建成的医院能耗监管平台，都是依据大型公共建筑节能监管平台模式而建，聚焦的是机电系统侧的四大分项（因为大多数也是依托公共机构大型公共建筑分项计量示范项目扶持资金，满足政府及部门管理需求）。平台缺乏基于医院业务的能源及设施管理功能。

建筑能源管理平台也需要与既有的建筑自动控制系统（Building Automation System，BA 系统）实施资源共享、相互融合。然而现实中 BA 的大部分系统安装后仅停留在"可监而未控"状态，未能完全应用自控功能；而能源管理平台上的能耗监测数据大多为政府统计数据上传而建，医院管理侧对平台的运维难以到位；不断研发推出的联网温控多应用于群控开关管理及无人值守房间；抄表计费用于报表管理；电能管理停留在配电机房管理层面。

从医院自身能效管理需求而言，医院建筑的用能模式与能源系统形式、不同业务部门、不同空间区域的分布密切相关。医院建筑所消耗的能源是为医院运行所服务，因此，需要将控制级（设备运维）、运营级（后勤运营）以及业务管理级（医院管理）的三类需求相结合。医院节能服务平台介绍如图 1-34 所示。

2）医院业务管理需求与能耗数据

平台监测的能耗数据应与医院业务管理需求关联。

① 将体现业务特征的信息、数据与能耗数据关联，业务管理与设施管理相结合；

② 结合业务特点，规划部署数据采集的维度和颗粒度；

③ 深度挖掘医院业务特点与能耗的关系，建立关联模型；

④ 预留发展空间，包括未来的多样化、个性化服务。

医院能耗数据的三个维度为以下三个方面。

① 能源分类：电、热（建筑供热、业务用热）、冷、水；

② 设备系统：不局限于四大分项，需要更细的分项计量；

③ 用能部门：门诊、住院、科技、后勤、行政等。

一般来说，医院主要业务部门区分为：①诊断部门，包含急诊部、门诊部、医技科室等；②治疗服务部门，包含住院部、手术室、康复中心等；③附属服务部门，包含行政管理和院内生活用房。

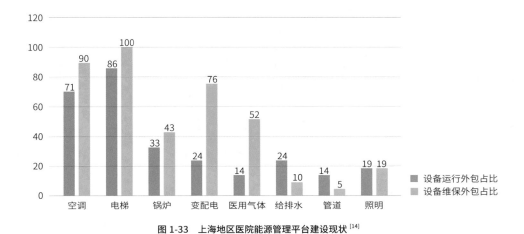

图 1-33　上海地区医院能源管理平台建设现状[14]

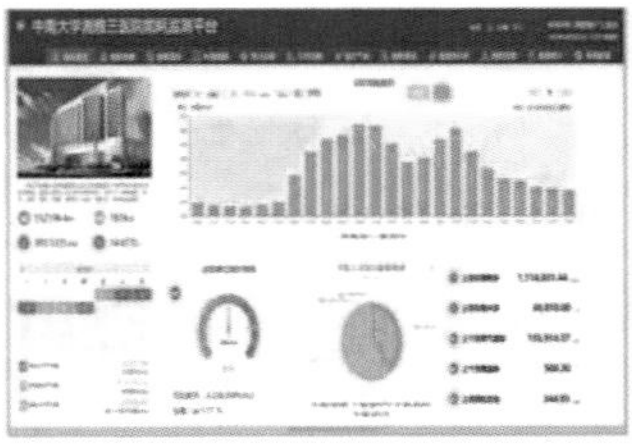

（a）能耗总览 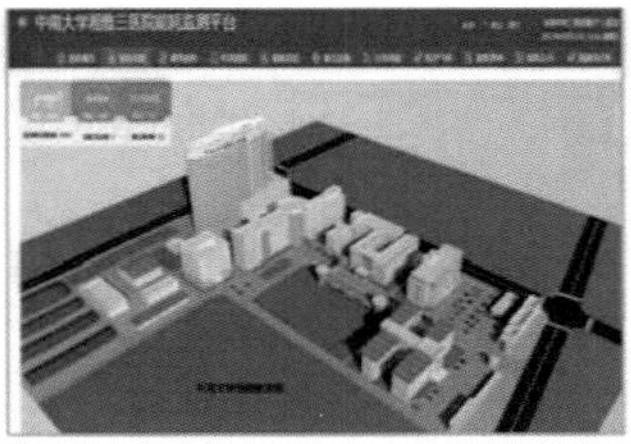　　　　　　　　　（b）能耗地图 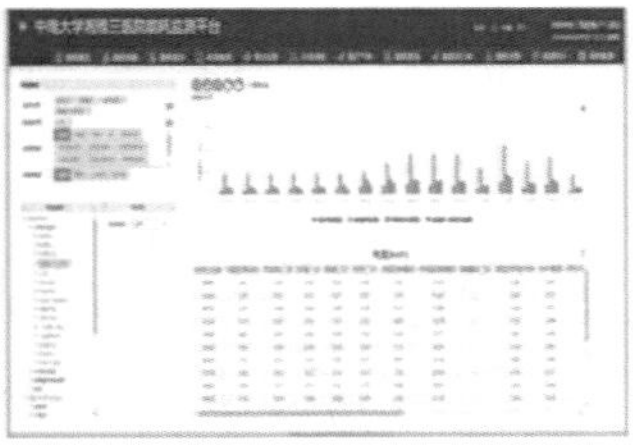　　　　　　　　　（c）能耗对比

（d）能耗排名 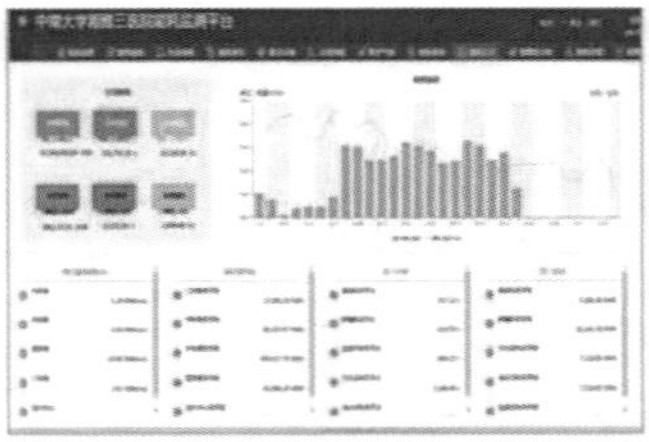　　　　　　　　　（e）能耗公示 　　　　　　　　　（f）基础信息管理

图 1-34　医院节能服务平台介绍（施耐德公司案例、中国建筑节能协会绿色医院专委会微信公众号）

关于医院建筑的能耗监测，相关机构出台了相关技术导则。例如：《医院建筑能耗监测监管系统建设技术导则》（2014 中国中元国际工程有限公司主编）[15]。该导则依据《国家机关政府办公和大型公共建筑能耗监测系统—分项能耗数据采集技术导则2007》，借鉴了《高等学校校园节能监管系统建设技术导则2008》编制。

导则除了明确分项计量外，还增加分类建筑能耗：指按医院建筑功能分类进行采集和统计的所有能耗数据。如门急诊类建筑能耗、医技类建筑能耗、病房类建筑能耗、医疗业务综合类建筑能耗、后勤办公类建筑能耗、科研教学类建筑能耗等。

3）医院的能源管理要点

（1）能源系统以保障性为主。

（2）能效指标多元化需求。

（3）能效管理与业务管理关联。

关于医院建筑能耗指标，因医院建筑用能系统的复杂性导致医院能耗的影响因素众多，难于确定合理的建筑能耗评价指标。除单位面积能耗指标，还采用单位床日能耗指标。

医院能耗的影响要素：建筑面积、床位数、住院量等，与能耗相关系数大于 0.7。

有研究通过聚类分析认为，人均能耗指标（人均门急诊能耗指标）更能客观评价医院能耗。

已建成的医院平台相比于公共建筑节能监管平台增加了基于业务管理需求侧的内容，不局限于机电系统的四大分项，也考虑了需求侧（公共区域与部门用能），如图1-35、图1-36 所示。

各级管理者可根据医院管理规定，分级查看相关能耗数据、分析模型、能耗分析图表。可多维度（时间、区域、建筑类型、分类及分项能耗等）查询所需数据，对不同的建筑类型、区域等的用能情况进行月对比和同期对比分析，找出某时段及某区域的用能高峰，深度挖掘节能潜力需求点。分类展现的能耗数据能够通过人机实时界面，以图和表等多种方式灵活展现。

能耗分析管理功能主要包括：系统设置、日常管理、24 小时实时监控、日统计、月统计、年统计、时间段统计、汇总定额报表等，如图1-37—图1-39 所示。

4）瓶颈问题

与其他公共建筑类似，实际计装工程难以实现明确的分项、分类计量。

照明插座分项多数情况是混杂了空调末端用电，且有时难以划分出公共区域照明和

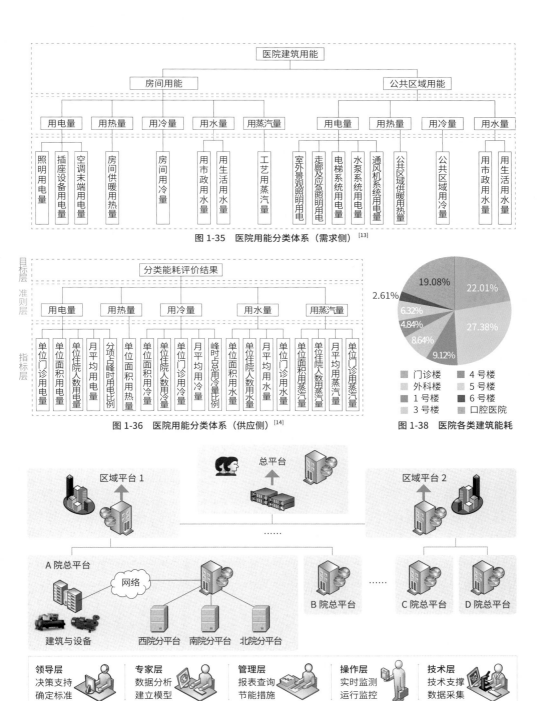

图 1-35 医院用能分类体系（需求侧）[13]

图 1-36 医院用能分类体系（供应侧）[14]

图 1-38 医院各类建筑能耗

图 1-37 医院平台架构

科室部门用照明，医院建筑群中并非单一的集中空调系统（包含各类空调形式）等。

目前状况下，在做到数据分项分类时，还需依靠对平台计装系统的完善或基于现有数据的拆分汇总处理。

另外，医院侧重于机电设备系统的四大分项与基于用能侧管理的分类（区）能耗难以协调对接。

5）医院节能监管平台案例 [16]

平台主要功能如图 1-40 所示，包括能耗查询分析、用能成本分析、能耗定额管理、节能告警管理、能耗报表五大功能，在系统首页可查看医院总体用能指标、各楼栋能耗指标、整体用能趋势、部门科室能耗排名、能耗定额对比、能耗预测指标与待处理节能告警信息。

（1）医院用能查询分析

平台计量装置安装从变压器到低配间各个出线柜，到楼层电箱，并细化到各个房间能耗计量。系统提供按照分类分项模型、配电支路模型与部门 / 科室模型查询设备系统能耗，系统提供日、时、月、年不同时间粒度筛选条件，可提供曲线、折线、柱状图与表格等多种方式展示能耗变化趋势，辅助用户进行用能管理决策。选择具体要分析的时间段进行能耗分析，见图 1-41。系统还提供能流图与热力图方式对能耗进行快速分析，见图 1-42 和图 1-43，能流图可通过鼠标点击方式完成能耗下钻分析。

（2）医院用能成本分析

用能成本分析与能耗查询分析功能类似，系统可输入医院电价峰谷平单价指标，并自动折算成实际用能成本。

（3）能耗定额管理

能耗定额管理可分为整体能耗定额管理与部门科室定额管理。医院整体能耗定额管理见图 1-44，可设置医院逐月能耗定额指标，医院实际能耗与定额指标进行对比。部门科室能耗定额管理见图 1-45，系统可根据实际用能部门搭建分部门分区域能耗模型，并可设置各部门 / 科室的逐月能耗定额指标，实际能耗与定额能耗直观对比，部门 / 科室能耗是否超标和超标了多少一目了然。

（4）节能警示管理

系统提供自定义**警示**设置模板，电脑端鼠标点击数次即可完成常规的能耗**警示**设置，如可设置某支路的夜间功率**警示**值，当夜间该支路设备未关闭时即可从能耗数据中判断出来，系统自动报警并推送至现场管理人员，帮助用户进行需求侧能耗精细化管理。

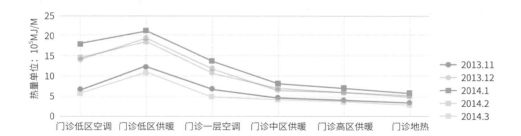

图 1-39　医院建筑能耗数据应用场景

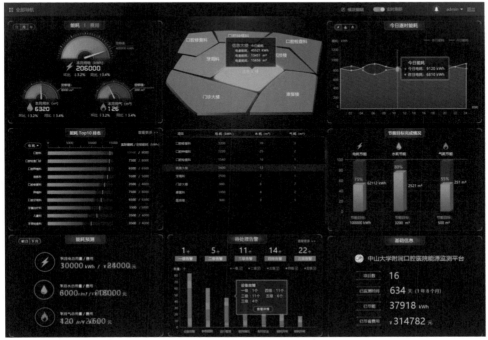

图 1-40　医院节能监管平台案例（深圳紫衡公司提供）

（5）能耗报表

系统提供各类能耗报表，例如按不同时间粒度区分的能耗报表，包括能耗日报 / 周报 / 月报 / 季报 / 年报；按不同能耗模型区分的能耗报表，包括分类能耗报表、分项能耗报表、支路能耗报表、科室能耗报表等。还可根据用户实际的需要，通过智能报表模块，根据用户实际能耗报表的样式快速配置客户所需要的能耗统计报表，不用进行二次加工，用信息化工具自动进行能耗统计。

（6）监测数据的能耗分类模型

① 基于供应侧的分类能耗模型

基于供应侧的分类能耗计量模型中分类能耗包括电力、水、蒸汽、燃气、供热和供冷。系统可通过自动采集或手工录入等方式采集各类能耗。

② 基于供应侧的分项模型

分项模型主要根据国家与行业相关标准要求设计，基于供应侧的分项计量能耗模型将用电分项分为照明插座用电、空调用电、动力用电和特殊用电这四大分项，四大分项还可细分为各个二级分项，如空调用电可分为空调冷热站用电与空调末端用电，空调冷热站用电还可以分为冷水机组、冷却泵、冷冻泵、冷却塔与采暖循环泵五个子分项。

③ 基于需求侧分区模型

基于需求侧分区能耗计量模型是以医院实际部门科室结构进行搭建的，一级用能部门一般可以分为门诊、住院、科研、后勤、行政五大部门，各部门还可根据实际情况进一步细分各科室，各科室又由多个房间组成。

（7）典型数据应用场景

① 用能诊断分析

平台提供用能诊断分析报告，用能诊断分析报告通过数据自动比对（同比、环比、与定额比等）方式判断用能指标正常与否，如发现能耗异常，自动分析能耗异常的范围和原因，并提供针对性处理建议。无须现场管理人员耗费大量时间进行能耗统计分析工作，提升现场人员能源管理效率。

② 能耗 / 负荷预测

平台提供不同时间周期的能耗预测，包括今日逐时能耗预测、未来 2 天逐时能耗预测、未来一周能耗预测、次月能耗预测，逐时能耗预测可指导用户进行负荷管理、充分利用二部制电价政策降低能源成本、参与电力现货交易，次月能耗预测可用于帮助业主

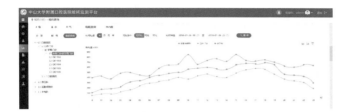

图 1-41 医院科室用能查询

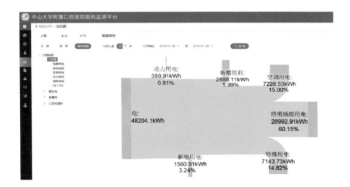

图 1-42 医院用电能流图

图 1-43 医院用能热力图

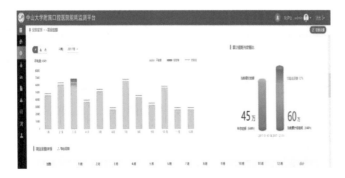

图 1-44 定额管理

参与售电业务，获得较低的能耗单价而避免罚款，见图 1-46。

③ 节能警示

平台提供一些常见的节能管理标准化模型，并以节能警示的方式提供用户使用，可根据用户实际现场情况选择启用哪些节能警示。如"一机多泵"用能模式诊断，若通过能耗数据判断项目出现只开 1 台制冷主机时开启多台冷冻水泵 / 冷却水泵，系统自动触发节能警示并推送至现场管理人员，见图 1-47。

④ 能效分析

能效评价可按设备、系统或建筑进行评价与分析，系统同时采集制冷系统供冷量与各设备能耗，可直接计量制冷系统及各设备的实际运行能效。系统还可自动计算单位面积用能指标，可按系统或建筑层级进行能效评价，判断其能效指标是否合理。

1.3　公共建筑能耗数据应用的需求与指向

公共建筑能耗监测的最终目的无疑是发现问题并优化运行以提升能效。而在初期示范阶段由政府引导，业主自身意识并没有那么明确，动机也没有十分强烈，且示范项目也难有后续专项资金支撑。所以在政府引领和资金支持下开始的公共建筑能耗在线监测项目通过示范推进，虽为用能定额管理、能效评价等相关政策制定奠定了一定基础，以自上而下的方式推进了建筑节能。然而，仅有这样的推动则不足以可持续发展，需要回应市场"数据为何用？如何能带来效益？"之问。

为此，应以需求为导向，挖掘典型公共建筑能耗数据中的隐藏规律，聚焦实际应用场景展开数据的价值挖掘和应用。

1.3.1　公共建筑能耗数据的各种表现形式和用途

有言道，没有计量就谈不上管理。可见计量数据的基本用途就是为量化管理而用。

公共建筑在线监测的能耗数据大多为电耗数据，基本的维度是类别和时间颗粒度，且分别对应着不同的需求。

（1）类别可分类：

① 种类：电力、冷热量、蒸汽、燃气、水等；

图 1-45　医院各部门用能定额管理

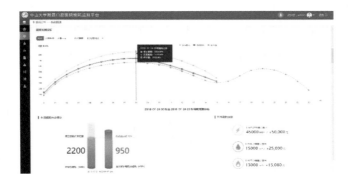

图 1-46　医院用能趋势预测

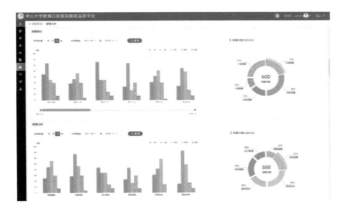

图 1-47　医院用能诊断及告警

② 分项：机电设备、系统、线路，以医院为例如图 1-48 所示；

③ 分区（户）：分类建筑、分部门科室、分楼层、房间等。

（2）时间颗粒度可分为：

① 逐年：多用于能耗强度指标、逐年趋势走向；

② 逐月：多用于能耗同比环比、逐月趋势走向；

③ 逐时：用于展现能耗的动态趋势，是最基础的能耗监测数据。逐时数据的底层数据采集的间隔一般为 15 分钟。

图 1-49 展示的是建筑电耗的环比、同比应用，图 1-50 展示的是逐日分项电耗的变化情况，图 1-51 展示了一日中逐时电耗的变化情形；在做数据挖掘处理时往往需要满足统计学的分布特性条件，图 1-52 展示的数据的正态分布以及基于正态分布模型对能耗数据的分析。

电耗数据目前常见的应用尚停留在初级阶段，主要包括以下几个方面。

① 自我对比：同比 / 环比，通过对比找问题、找规律；

② 能效对标：各类能耗强度指标对标，找差距（图 1-53、图 1-54）；

③ 数据查询：历史数据看规律、查问题；

④ 报表管理：汇总各种统计数据，提交报表。

电耗数据应用的目标指向优化运行及管理。需对数据进行深度挖掘、建立模型，对应不同的需求。

① 管理层级：需求侧管理、节能对标评价；

② 运管层级：运行策略、节能优化；

③ 运维层级：故障诊断、调试调适。

1.3.2 公共建筑能耗数据的国内外状况

公共建筑能耗数据，过去主要依靠统计积累，美国、日本等国家有长期积累，统计工作扎实。我国在该领域的统计工作基础相对滞后和薄弱，但随着我国建筑节能面临的压力、经济社会发展的需求以及物联网技术发展的驱动，大有越过传统的基于报表统计建筑能耗数据的方式，直接进入大规模在线能耗监测时代之势。由于我国该领域统计数据的薄弱，建筑节能工作中能耗强度指标或用能指标的制定都缺乏支撑，所以实施在线

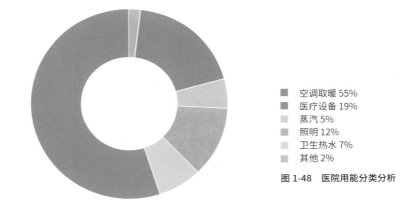

- ■ 空调取暖 55%
- ■ 医疗设备 19%
- ■ 蒸汽 5%
- ■ 照明 12%
- ■ 卫生热水 7%
- ■ 其他 2%

图 1-48　医院用能分类分析

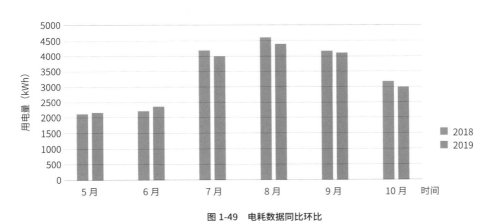

图 1-49　电耗数据同比环比

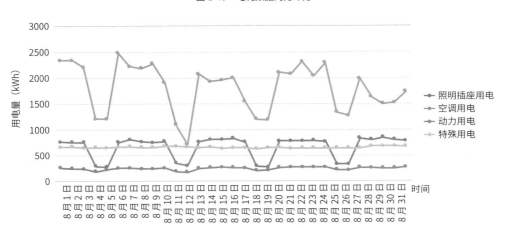

图 1-50　某办公室楼逐日分项用电量

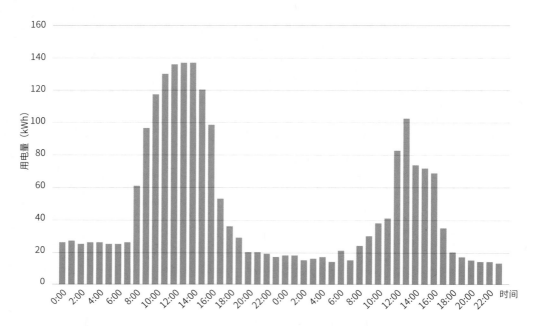

图 1-51   实时能耗监测数据的例子

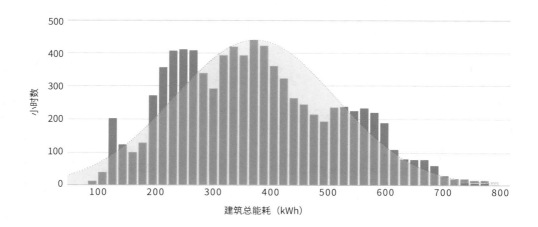

图 1-52   基于正态分布模型的用能合理性评价

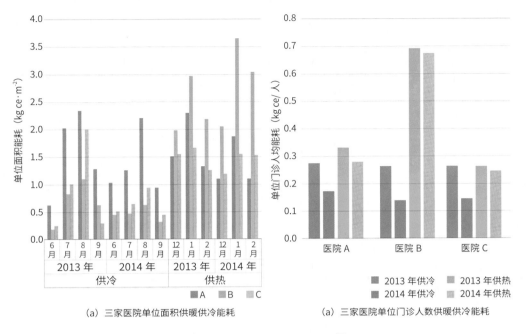

（a）三家医院单位面积供暖供冷能耗   （a）三家医院单位门诊人数供暖供冷能耗

图 1-53 基于案例的能耗指标分析 [16]

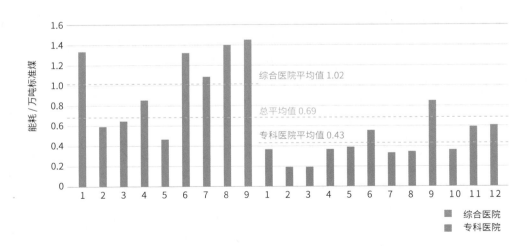

图 1-54 不同种类的医院总能耗值（图片来自暖通空调微信公众号）

监测获取实时数据也是一种时代需求和倒逼之举。

本节介绍美国、日本及我国的公共建筑能耗数据状况。

1. 美国的公共建筑能耗数据状况

美国的建筑能耗统计及数据的发布由美国能源信息部门（Energy Information Administration，EIA）负责，EIA 是隶属于美国能源部的统计机构。建筑能耗调查（Commercial Buildings Energy Consumption Survey，CBECS）是 EIA 中收集美国商业建筑存量信息的全国性抽样调查，包括与能源相关的建筑特征和能源使用数据（消耗和支出）[17]。其分类数据主要是基于建筑类型、业务功能等多维度统计，而不是简单地根据建筑类型来区分。CBECS 中的数据信息由 6000 多栋建筑的建筑类型、业务功能、面积、运行情况、围护结构形式、耗电设备情况等超过 1100 项内容构成，如图 1-55、图 1-56 所示。CBECS 包含两个阶段。

第一阶段是对建筑的调查，CBECS 的采访者从建筑的受访者处收集建筑特征和能源消费数据（消耗和成本）。

第二阶段是对能源供应商的调查（Energy Supplier Survey，ESS），是对那些缺乏完整、详细建筑能源数据的情况下进行的后续调查。调查时将联系电力、天然气、取暖油（包括燃料油、煤油和柴油）和区域供热（蒸汽或热水）的供应商，收集所需的能源使用数据。仅考虑商业建筑用电量，2012 年照明用电占商业建筑用电量的 10%（图 1-57），低于 2003 年的 38%。然而，照明仍然是最大的电力终端用途之一，仅次于其他电力终端用途的广泛类别。另一类电力用途包括杂项电力负荷、工艺设备、电动机和空气压缩机。

在建筑类型中，餐饮服务、住院医疗（医院）和食品销售建筑是总能源的最密集使用者。美国的公共建筑能耗数据大多基于调研手段获取，偏于宏观层面，有助于分析能源消费结构和趋势。

2. 日本公共建筑能耗数据状况

日本可持续建筑协会基于日本公开的公共建筑统计数据源 DECC 对公共建筑能耗数据进行了汇总和分析。数据涵盖 2006—2016 年间的各类公建能耗及相关数据 [18]。

日本 DECC 数据为统计数据和部分监测数据，以线下调研统计为主。

数据按所在地域、建筑类型、建筑规模等区分整理，形成不同类型建筑的年能指标

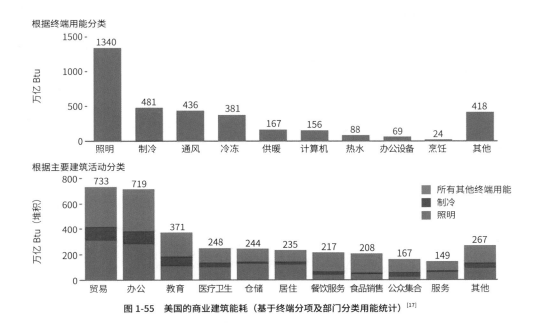

图 1-55 美国的商业建筑能耗（基于终端分项及部门分类用能统计）[17]

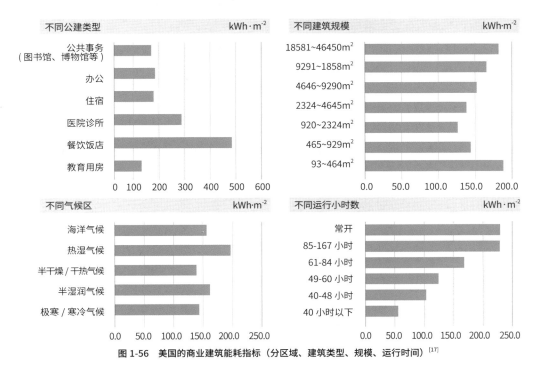

图 1-56 美国的商业建筑能耗指标（分区域、建筑类型、规模、运行时间）[17]

（单位建筑面积指标），并给出能耗指标与建筑规模的相关关系。

数据积累跨 10 个年度、规模达到 44033 个案例（2006—2016 年），如图 1-58 所示。但在数据分析时考虑年代因素，分为三个阶段。

2006—2010 年、2011—2012 年、2015—2016 年。图 1-59 是基于 2010 年数据对各类公共建筑能耗指标的提取。日本非常重视单位面积年能耗指标的汇总和积累 [称为原单位，按一次能源折算 MJ/（$m^2 \cdot a$）]，用以指导设计及评价。年能耗指标回归分析的参数选取考虑以下因素：①建设年代；②运营时间数（小时数／周）；③单位面积水耗指标；④单面面积电力容量指标（电力公司签约）；⑤单位面积变压器容量指标；⑥单位面积冷热源总容量指标；⑦年度平均气温。

各类公共建筑能耗与建筑面积规模呈现较强相关关系（图 1-60），这也取决于对建筑面积统计的精准度。对实际面积、特别是空调面积统计的不准确或不确定是国内这类统计分析的障碍。

除了能耗数据外，日本也调研统计了诸多运行相关参数，包括建筑配电变压器容量、运营时间数等。这样大规模的线下调研在我国难以实施，也难以确保可信度。

日本的数据汇总很全面和细致，将宏观的年度单位面积能耗指标、各类建筑和建筑内各部门的能耗结构以及现场各种级别空调系统方式的运行规律和类型都梳理了出来（图 1-61—图 1-65），对反馈设计、评价运行等具有重要价值。

小贴士	关于世界的建筑能耗数据公开 美国：是全世界建筑能耗数据信息最详细、最完善的国家之一。公共建筑和住宅建筑的能耗统计可在 (CBECS 和 RECS) 上自由查询。 日本：DECC 数据库涵盖了非居住建筑 2007-2016 年的能耗统计数据。需要说明的是，美国、日本的数据大都为非在线监测数据，以线下统计数据为主。

3. 中国的公共建筑能耗数据状况

1）公共建筑能耗数据的概要

我国公共建筑节能工作对能耗数据有迫切需求，无论是政策层面还是技术层面，例如，节能推进需要设定节能目标，初期由于缺乏数据积累，只能定性无法定量，或是采用虚拟方法，设定基准模型进行相对比较。

初期的建筑节能率（节能 30%，50%，65% 等）都是基于 20 世纪 80 年代基准模型而言。

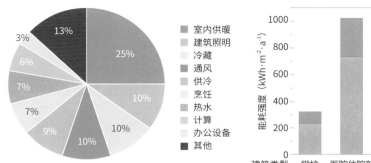

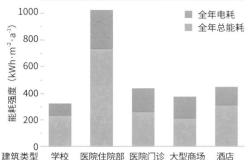

图 1-57 美国的商业建筑能耗构成（基于终端分项）[18]

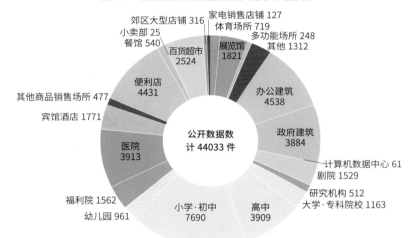

图 1-58 日本 DECC 公开的建筑统计数据源[18]

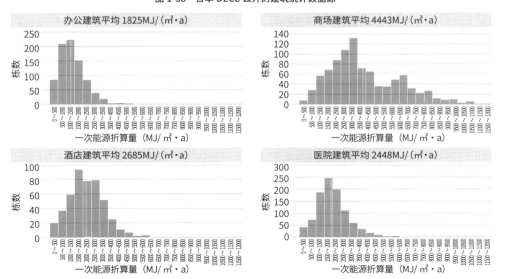

图 1-59 各类商业建筑能耗指标 2010 年度数据（样本数 12959）[18]

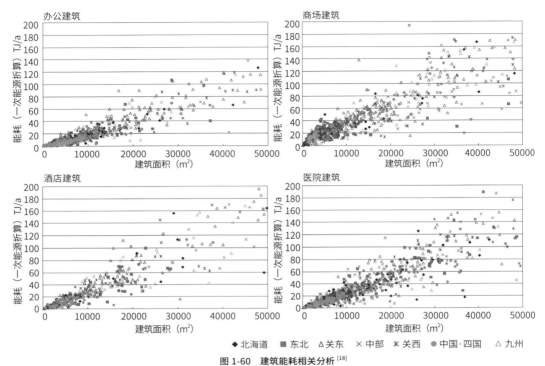

图 1-60　建筑能耗相关分析[18]

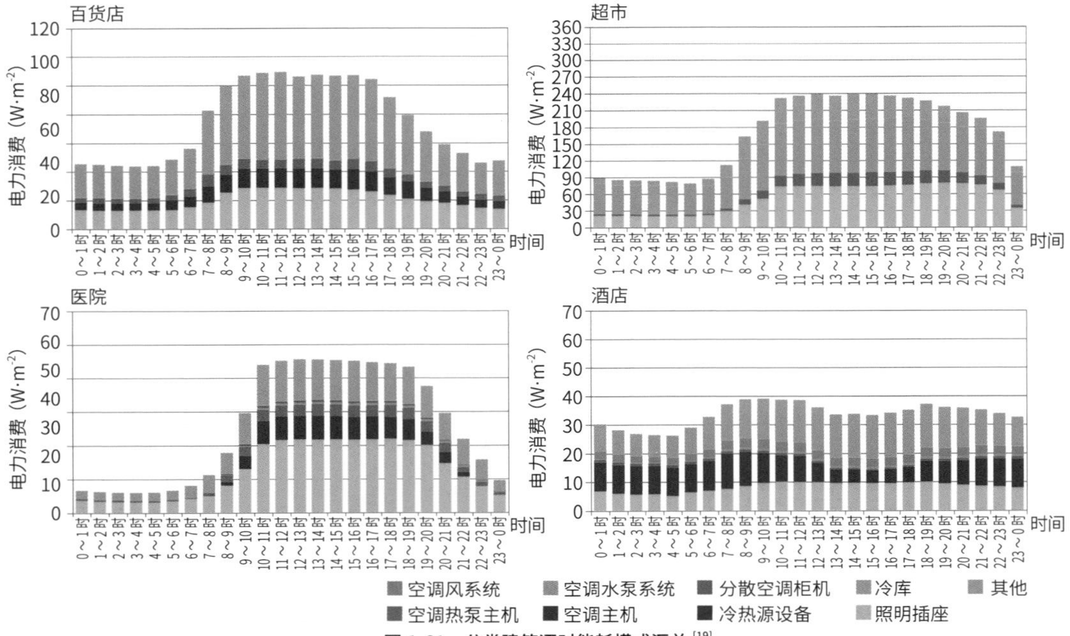

图 1-61　分类建筑逐时能耗模式汇总[19]

办公建筑夏季电耗规律（代表周的逐时电耗推移）

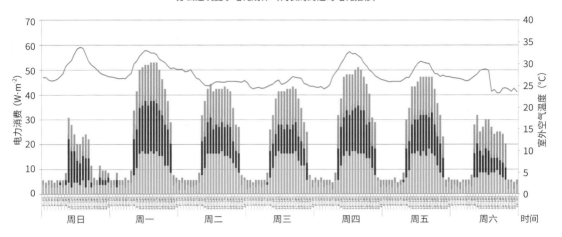

冷热源设备：风 冷热泵   建筑类型：大型办公建筑

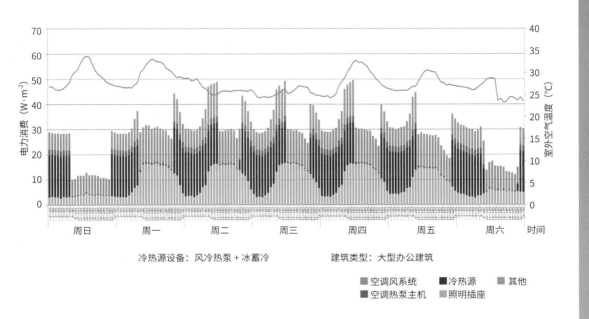

冷热源设备：风冷热泵 + 冰蓄冷   建筑类型：大型办公建筑

- ■ 空调风系统   ■ 冷热源   ■ 其他
- ■ 空调热泵主机   ■ 照明插座

图 1-62　办公建筑逐日能耗模式 [18]

以公共建筑为例，其基准是以 20 世纪 80 年代改革开放初期建造的公共建筑作为比较对象，称为"基准建筑"。"基准建筑"的围护结构、暖通空调设备及系统、照明设备的参数，都按当时情况选取。在保持与目前设计标准约定的室内环境参数的条件下，计算"基准建筑"全年的暖通空调和照明能耗，将它作为基准值（100%）。然后再将比照建筑按现行节能设计标准的规定参数或实测参数进行调整，即围护结构、暖通空调、照明参数均按节能标准规定设定或实测，计算出其全年的暖通空调和照明能耗并与基准建筑能耗对比，据此求出该建筑的节能率。

我国建筑节能经历了 1980—1990 年的初期阶段、1995—2005 年的成长阶段、2005 年至今的推进阶段。现在将进入以实际运行数据为基准的时代。

我国的能耗数据统计相对滞后，近年开始的在线监测数据大多局限于电耗，而完整的建筑能耗指标统计依旧是一个难点。国外主要基于报表等线下统计，相对数据比较统一。我国既有的关于建筑能耗数据统计的口径、办法还有待细化和完善，建筑能耗在线监测数据也有待规范和完善，期待二者尽快统筹、协调发展。

表 1-2 展示了某地区的公共建筑能耗统计案例。

表 1-2　分类公共建筑能耗数据统计概要

建筑类型	样本建筑数量 / 栋	总建筑面积 / 万 m²	年均总能耗 / 万 kgce	单位面积总能耗 /kgce·m⁻²	年均总能耗 /kWh·m⁻²
商业办公	453	2631.5	26130.8	9.9	74.9
政府办公	335	642.1	6016.5	9.4	42.9
酒店	669	3196.3	98178	30.7	119.8
医院	86	734.1	41623.5	56.7	210.6

建筑能耗因建筑所处的不同气候区而异，选按不同气候区、不同建筑类型分类统计，如图 1-66 所示。

不同气候区建筑能源（冷热源）差异大。图 1-67 展示了寒冷地区（北京）建筑能耗中电耗比例，难以说明建筑整体能耗水平。寒冷地区近年来加强了围护结构保温改造，能耗明显下降，而随着经济快速增长，夏热冬冷地区的建筑能耗增加明显。

目前我国相关公共建筑能耗数据处于积累过程，一边参照国外经验数据，同时加紧制定我国公共建筑用能指南。这项工作从公共机构办公建筑开始，实施能源消耗定额管理，这也是制定公共机构能源消耗费用支出标准的重要依据，是利用能耗对标管理方式强化责任意识、实现节能目标考核工作的有效途径。

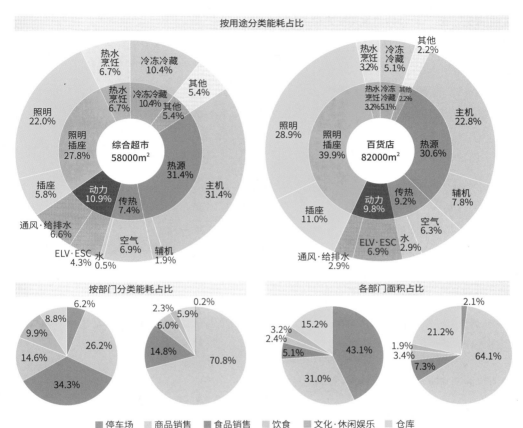

图 1-63 建筑内分区能耗结构 [18]

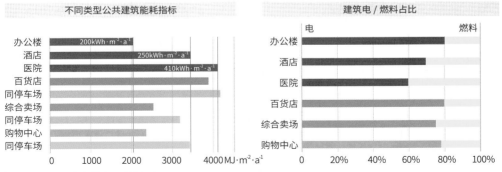

日本建筑能耗数据折算为一次能源表示。
平均综合能换转换效率 =36.9%

图 1-64 分类建筑能耗指标 [18]

日本 有效样本量：8484 栋，2010 年

图 1-65 分类建筑能源构成 [18]

2）"数"说公共建筑用能定额

用能定额标准需要坚实的数据积累支撑，我国现状是基于建筑能耗审计等进行相关统计来支撑的。

各地、各领域已陆续出台建筑用能指南。或分属不同气候区，或按领域分类：

① 《上海市级机关办公建筑合理用能指南》（2015）—— 夏热冬冷地区；[19]

② 《辽宁公共机构办公建筑合理用能指南》（2014）——严寒地区；[20]

③ 《北京市体育场馆合理用能指南》（DB11/T 1335—2016）；[21]

④ 《北京市医院合理用能指南》（DB11/T 1338—2016）；[22]

⑤ 《北京市高等学校合理用能指南》（DB11/T 1334—2016）；[23]

⑥ 《北京市政府机关合理用能指南》（DB11/T 1337—2016）；[24]

⑦ 《北京市文化场馆合理用能指南》（DB11/T 1336—2016）；[25]

⑧ 《上海市星级饭店建筑合理用能指南》（DB31/T 551—2019）。[26]

上海地区公共机构办公建筑能耗定额指标见表 1-3。

表 1-4 给出了辽宁地区的案例，主要以城市供热为主，分开统计、制定用电和用热定额指标。

表 1-3　公共机构办公建筑能耗定额指标（上海）

类别	建筑面积 / m²	空调形式	评价指标：单位建筑面积年综合能耗指标 /kgce·m⁻²·a⁻¹		评价指标：单位建筑面积年综合能耗等效电指标 /kWh·m⁻²·a⁻¹	
			先进值	合理值	先进值	合理值
A	<10 000	分体式、多联分体式空调系统	≤ 16.0	≤ 26.0	≤ 68.0	≤ 85.0
B		集中式空调系统	≤ 20.0	≤ 30.0	≤ 76.0	≤ 95.0
C	≥ 10 000	分体式、多联分体式空调系统	≤ 21.0	≤ 31.0	≤ 84.0	≤ 105.0
D		集中式空调系统	≤ 24.0	≤ 33.0	≤ 88.0	≤ 110.0

注 1：参考指标能耗单位统一按等效电计算。附录 A 为不同能源的转换系数。
注 2：指南对标时以评价指标为主，可参考等效电指标进行对标。

表 1-4　公共机构办公建筑能耗定额指标（辽宁：用电 / 供热分离）

业务类型	单位建筑面积供暖期用热指标 /GJ·m⁻²·a⁻¹		单位建筑面积年用电量 /kWh·m⁻²·a⁻¹	
	约束值	推荐值	约束值	推荐值
公共机构办公建筑	0.5	0.42	67	21

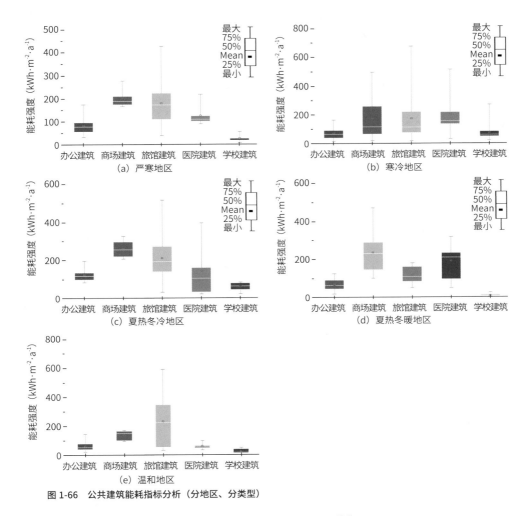

图 1-66　公共建筑能耗指标分析（分地区、分类型）

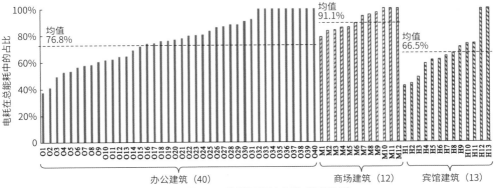

图 1-67　公共建筑用电比例（北京数据）

3) "数"说公共建筑能耗指标

表 1-5 给出的是基于研究文献统计的全国不同气候区不同类型的公共建筑能耗指标，图 1-68 给出了与相关类型公共建筑约束值指标的比对结果（比例）。

表 1-5　公共建筑能耗指标状况分析（按建筑类型，单位：kWh·m⁻²）

严寒地区	数据分布 建筑类型	办公类	商业类		公益类	
			商业类	旅馆类	校园类	医院类
	50% 样本区间	75~115	175~215	90~225	50~245	118~125
寒冷地区	数据分布 建筑类型	办公类	商业类		公益类	
			商业类	旅馆类	校园类	医院类
	50% 样本区间	77~140	90~240	85~230	35~80	140~175
夏热冬冷 地区	数据分布 建筑类型	办公类	商业类		公益类	
			商业类	旅馆类	校园类	医院类
	50% 样本区间	97~135	215~298	137~185	40~88	124~209
夏热冬暖 地区	数据分布 建筑类型	办公类	商业类		公益类	
			商业类	旅馆类	校园类	医院类
	50% 样本区间	60~98	147~295	100~202	5~25	100~230

综上，国内外都非常重视公共建筑的能耗强度指标，不同类型公共建筑由于自身用途特点而呈现差异性。

特别是能耗强度大的公共建筑，例如医院、商场、酒店等，其能源种类多元化、建筑形式及功能复杂、机电系统各异、运行时间长，节能潜力大。

表 1-6 是针对医院能耗强度的各国统计数据汇总。可以看出各国数据差异大，这里有统计口径、方法的差异。但也可以看出，发展中国家的能耗水平要远低于发达国家。另外，医疗建筑能耗除了经济因素之外，国家制度、生活习惯等都是不可忽略的因子。

表 1-6　各国医院建筑能耗强度数统计 [16]

国家（地区）	统计机构	样本量	能耗水平
美国	IEA（美国能源署）	>3000	989.1kWh·m⁻²·a⁻¹
英国	政府部门	150	445kWh·m⁻²·a⁻¹
加拿大	政府部门	未知	736.1kWh·m⁻²·a⁻¹
希腊	雅典大学	未知	407kWh·m⁻²·a⁻¹
中国	南京大学	约 296	127kWh·m⁻²·a⁻¹
印度	能效局	未知	84kWh·m⁻²·a⁻¹
巴西	里约热内卢大学	约 1200	3301—15181kWh/ 床
日本	建筑用能管理协会	未知	747.5kWh·m⁻²·a⁻¹

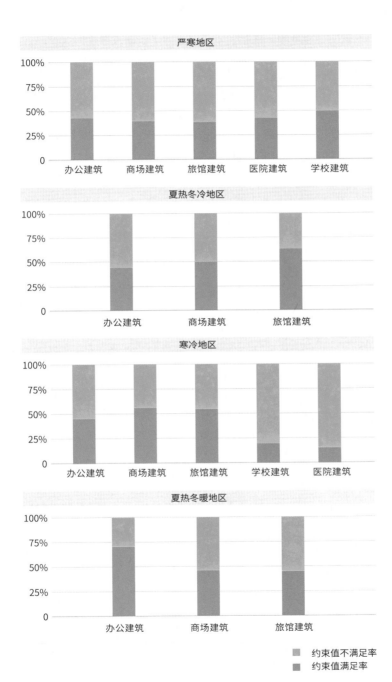

图 1-68　公共建筑能耗指标状况分析（按气候区 / 建筑类型）

从图 1-69 看医院建筑能耗结构，空调和采暖能耗最高占比超过了 50%。日本医疗建筑能耗中供热水和空调的能耗占比最高，达到 55.8%；总体来说采暖供冷能耗仍然是医疗类建筑能耗中的大户。

图 1-70 给出的是重庆某医院不同部门的能耗结构分析。一般来说门诊部和住院部是主要的能源消耗部门；一般而言门诊部除急诊外，日常工作日机制从早八点到晚六点，因此能耗具有明显的日周期特征。但是住院部原则上是 24 小时工作制，特别是供冷采暖季节，由于医院室内环境的特殊要求，空调系统 24 小时不间断工作，因此住院部和门诊的能耗组成和运行规律不同。

住院部的空调能耗占比最高，达到 63%，其次是照明，达到了 25%；而门诊部能耗组成中，空调仍然是占比最高的一项，但是相比于医疗设备和照明能耗，空调能耗并没有绝对的优势，而这也是医院用能区域性差异的体现。

1.3.3　公共建筑能耗数据的现状问题及对策

公共建筑能耗数据应需要满足三个基本属性：通用性、功能性、可用性。

（1）**通用性**：不同类型建筑能耗数据的共性、可比性。

四分项电耗源于大型公共建筑的分项计量，针对采用集中空调系统的大型公共建筑可大致反映用电设备、系统的区分以及建筑用电的通用性，为建筑机电设备的运行管理提供基础支撑。

（2）**功能性**：不同类型建筑拥有不同的业态和用电管理需求，需要从建筑空间或部门用能维度分类和汇总数据，然而在目前的平台系统中这正是有待完善的。

（3）**可用性**：基本取决于上述两个属性，更深层次的可用性需要与数据挖掘技术相关联，这是目前比较薄弱的。

图 1-71 给出了能耗数据分项、分类模型。

然而，目前实际工程中实施的大型公共建筑分项电耗计量大多聚焦分项电耗，分类电耗计量尚未到位。且即使对于分项电耗计量，也存在诸多问题。

四分项电耗中空调、动力、特殊分项能耗相对明确，但照明插座分项实际上难以明确区分，也难具备通用性：一是因为电气线路在设计上往往限于成本或为避免过于复杂而将照明、插座甚至空调末端设备线路汇合一起，难以严格区分照明与插座的线路；二

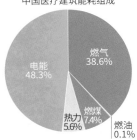

图 1-69　国内外医院建筑能耗结构对比 [19]

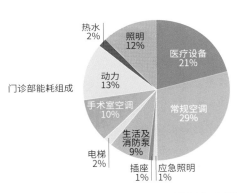

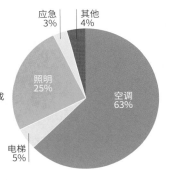

图 1-70　医院建筑部门能耗结构 [19]

建筑能耗模型（超高层办公建筑例）	
分项能耗 （供能侧）	分区能耗 （需求侧）
照明插座	公共区域
	会议区域
	普通办公区
	高管区
特殊	机房
	其他
动力	高区电梯
	低区电梯
空调	集中空调（公共区）
	分散空调（出租区）

公共建筑

建筑类型	类型细分	业态特征
 办公建筑	商务写字楼 自用写字楼 政府写字楼	公共空间 会议室 普通办公 高管办公 数据机房
 酒店建筑	高端酒店（5 星） 中端酒店（3-4 星） 经济连锁	大堂区域 客房区域 餐饮区域 游泳 / 健身
 商场建筑	商场建筑	公共区域 餐饮区域 店铺区域 娱乐区域
 医院建筑	医院建筑	外科楼 门诊楼 医技楼 住院部 疗养中心

图 1-71　公共建筑能耗分项、分类模型框架

是仅从这个分项实际上难以区分不同建筑（业态）的不同用能特征；三是实际计装工程中这类线路混杂，常会混入不相关的线路。该分项现状如图 1-72 所示。

　　因此，挖掘公共建筑能耗数据的应用价值需要对基于机电系统及供电线路的分项电耗进一步区分，并基于用户业务用电管理需求进行区分，便于有针对性地挖掘研究。实际上对于分项与分户电耗数据，虽然区分方维度不同，但两者有交叉（图 1-73），前者大多可基于直接计量，后者需要增加更细的计量和适当的拆分。

　　公共建筑节能监管平台的建设与运营涉及多方参与和各自权益，如果没有明确的定位和责权界定，就难以确保数据的生命力及平台的可持续发展。各方角色如下。

　　（1）建筑业主角色：关注建筑不同部门能耗的管理。

　　（2）物业公司角色：关注设施 / 系统能耗管理。

　　（3）第三方节能服务公司角色：关注设备 / 系统能耗能效管控。

　　（4）政府管理部门角色：关注行业对标 / 评价。

　　另外，不同类别的能耗具有其各自的属性与特点。

　　（1）机电分项能耗：运行条件关联，多因素 / 微观不确定。

　　（2）业务分区能耗：业务特性关联，特征明确，能耗内涵多样化，非线性。

　　（3）建筑总能耗：建筑用途特征明确，个性差异大，宏观较为确定。

1.3.4　公共建筑能耗数据应用的需求

　　起步于政府办公建筑及大型公共建筑分项计量的建筑能耗在线监测现在已推广到各类公共建筑领域，并从单体建筑扩展到校园、酒店、医院、商场连锁等建筑群，数据从宏观统计所需深入发展到中观的运行优化、进而到微观的设备系统故障诊断等。

　　图 1-74 展示了从需求（建筑运行管理的层级关系）、对象（设备、系统的维度）到数据精细度（时间颗粒度）的三维关系，不同层级的管理需求和目标对应不同的能耗数据分类模型和数据挖掘方法（或预测模型）。

　　前面章节解说了公共建筑分项、分类（分户）电耗的类型，接下来将聚焦基于数据挖掘的模型方法和应用。数据挖掘主要基于在线监测数据展开。

　　在线监测的运行能耗数据的主要用途为以下两个。

　　（1）累计历史数据应用于建筑及设备系统的能耗、能效的静态评价及定额管理；

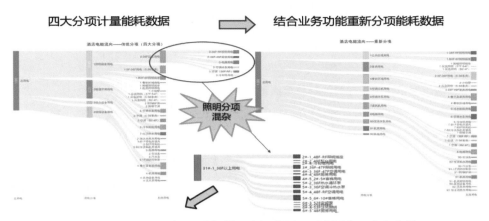

例：照明用电 = ∑ 照明、冷却塔、空调水泵、厨房用电、客户电梯…

图 1-72 公共建筑电耗四大分项计量中的照明插座分项现状（某酒店案例）

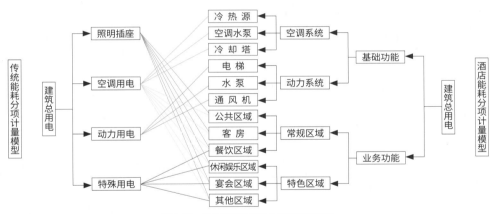

图 1-73 公共建筑分项与分类能耗的交叉

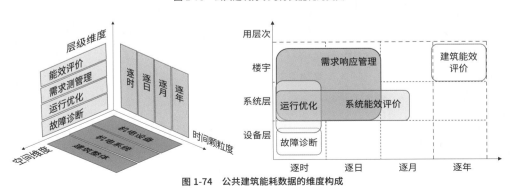

图 1-74 公共建筑能耗数据的维度构成

（2）基于实时在线数据的能耗建模，实现对能耗数据的类别识别（聚类）、规律把握、趋势预测（回归预测）等，助力建筑能源需求侧管理、运行优化、故障诊断等目的。

1. 建筑用电需求管理对能耗数据的需求

电力需求侧管理（Demand Side Management，DSM）的概念如图 1-75 所示，以电力削峰移峰、电力安全应急保障、可再生能源消纳为目标导向而立。

催生该需求的背景是节能需求和电力改革（发配电、售电改革）的利好政策。

作为 DSM 的技术手段（调控负荷），依据建筑整体总电耗的动态预测，需要逐时动态各分项电耗数据支撑。

该需求是基于运行动态数据把握设备、系统的运行规律，基于数据挖掘及建模理论和方法给出科学的电耗趋势预测，做出合理的负荷调节调整策略，如图 1-76 所示。

需求侧管理的市场机制如图 1-77 所示：①基于价格优选驱动（业主选择）；②基于激励机制驱动（电力公司主导）。

未来发展趋势是能源互联 - 能源全面托管服务（包括售电）。

| 小贴士 | Q：分项计量示范工程存在怎样的机制问题？ |
| | A：政府的扶持资金是一时性的，不可持续。 |

2. 建筑能效评价对能耗数据的需求

公共建筑能效提升是深化建筑领域节能的重要一环。能效评价是基础，包括建筑整体、机电系统、用能部门的能效。

能效标识在家电产品领域比较成熟，并发展为能效领跑者机制（日本），住宅建筑和公共建筑能效标识也随之发展起来（图 1-78）。但是，能耗数据几乎都是基于模拟计算。

目前的建筑能效标识包括建筑能效测评和建筑能效实测评估两部分，由基础项、规定项与选择项组成。基础项为计算得到的相对节能率；规定项为按国家现行有关建筑节能设计标准的规定，围护结构及供暖空调照明系统需满足的要求；选择项为对规定项中未包括但国家鼓励的节能环保新技术进行加分的项目。

可见，目前的建筑能效测评是基于模拟计算能耗的测评而非基于实际运行能耗数据大的实评、且尚未能细分对应不同类型公共建筑的功能（服务内容和质量）。

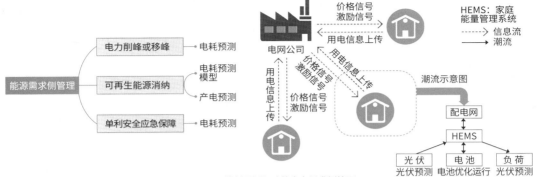

图 1-75　能耗预测与建筑电力需求侧管理

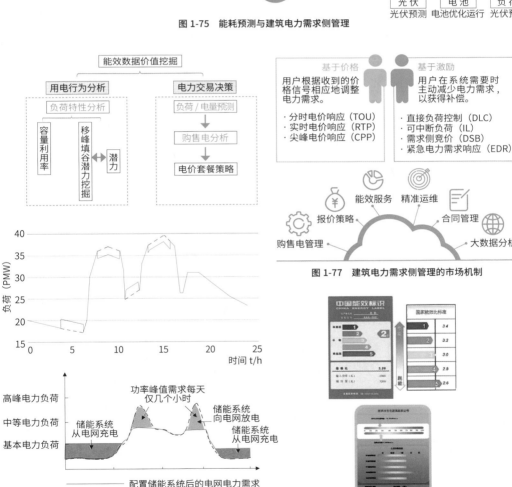

图 1-76　建筑电力需求侧管理的应用

图 1-77　建筑电力需求侧管理的市场机制

图 1-78　能效标识（从产品到建筑）

目前建筑能效标识分级：一星（相当于节能率 60%~65%）、二星（相当于节能率 66%~75%）、三星（相当于节能率 76% 以上）。

今后建筑能效评价将进一步细化和深化，以实际能耗数据为依据，细化服务内容和质量的评价，区分不同的分类、分地区，静态与动态结合，为提升能效提供更科学合理的支撑（图1-79）。

3. 建筑中用能终端客户节能管理需求

公共建筑涵盖不同类型建筑、不同用能空间或部门，涉及不同业态用能需求。能源消费方式、规律多样化和呈多变性，既有的分项计量只考虑了机电系统设备、线路上的区分，提炼了建筑用电中具有共性的问题，但未能识别出实际终端用能的特征及用户管理需求。

即使在分项电耗计量中，也存在线路混杂、数据分项模糊的现象，例如照明插座分项电耗，只是一种基于现实的权宜之策，难以剥离、分析各自规律，且实际计装工程中室内插座部分最为模糊，大都连接了室内设备、空调末端。所以在分项计量中将其归为同一分项也是给数据挖掘带来麻烦的一个因素，见后述。

期待的状况是既要考虑基于供电侧的分项计量，也需要具备不同用能空间、部门用电的分类分区电耗计量。

然而目前的现实中难以实现后者，大多数只能基于前者和一些补充监测的数据进行适当的拆分、分类汇总。

这些数据的挖掘、建模可支撑用能侧的定额管理和需求管理侧管理等用途。

图 1-80 展示了某酒店按部门或空间区域的能源管理。

4. 机电系统高效运行对能耗数据的需求

这是最为常见的建筑节能需求。建筑节能的重要环节是节能优化运行，节能优化运行依托动态电耗预测以及基于预测的运行策略优化。需要机电系统或设备动态（逐时）电耗数据的支撑。

建筑节能主要聚焦暖通空调系统的运行优化，可归纳以下主要应用场景。

（1）蓄冰空调系统的优化运行

预测负荷 - 调节蓄冰融冰运行策略。

（2）空调运行的前馈控制策略

与天气预报联动，预测负荷或电耗提供运行策略支撑。

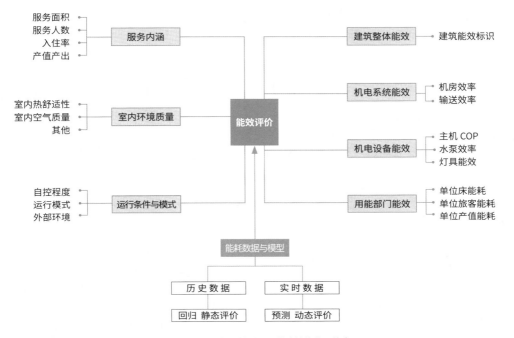

图 1-79　能耗数据及模型与公共建筑能效评价应用

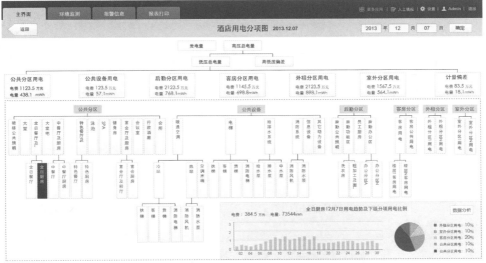

图 1-80　某酒店能源管理平台案例（纳入部门用能管理功能）

（3）变频空调（水泵）优化运行

追踪部分负荷动态，局部或全局优化匹配运行工况。

（4）多联机空调智慧能运行

分户计量系统以室内／室外机的运转时间、能力大小、电子膨胀阀开度值等运转数据为分配依据，把总耗电量科学、合理地分摊给各空调室内机用户（图 1-81）。

5. 机电系统的诊断对电耗数据的需求（微观）

故障诊断（Fault Detection and Diagnosis，FDD）属于最底层的运维管理需求。需要针对具体设备、系统，提供更细时间颗粒度的连续电耗监数据及相关运行参数的支持。

通过能耗监测平台数据，基于数据挖掘（Data Mining, DM）算法分析大量历史数据，识别空调系统用能模式，提炼用能相关经验或规则，甄别故障和异常能耗表象背后的热力学真因，优化系统运行。

系统故障诊断技术领域在积极探索基于在线监测的数据驱动的方法。

同样，也需要基于实时能耗数据的能耗模式辨识，同时 FDD 的应用也需要结合能耗能效评价实现运行优化的目的。将系统的故障模式与用能模式识别有机结合到一起，更有助于直接实现制冷空调系统用能诊断，如图 1-82 所示。

收集正常、故障运行数据和能耗数据并进行数据集成，整理成制冷空调系统原始数据集，以供数据挖掘分析。

准确的能耗预测能作为节能评价的一个标准线，对能源系统进行能耗诊断，能耗预测本身也是建立具体建筑能耗解析模型的过程，某种意义上建立这种解析模型有助于设计智能能源监管等系统的设计和提高能源监管效率。能耗预测模型本质上是对建筑能耗的动力学分析，数据驱动、机器学习、大数据等这些新理念的提出与运用也为建筑能耗预测提供了一个新的思路和视角。

1.4　现状与需求梳理

对公共建筑能耗的数据的发展历程、现状、需求的梳理，将有助于进一步的数据挖掘和数据应用。

我国公共建筑节能监管平台的大力推进，物联网、数据科技、云计算技术的快速发

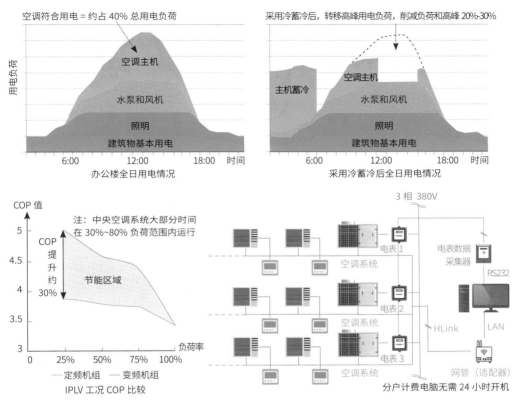

图 1-81 空调系统运行优化应用场景

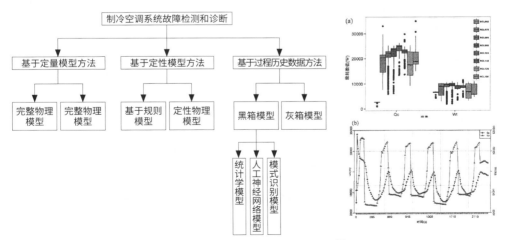

图 1-82 空调系统运行故障 / 用能合理性诊断 [27]

展为建筑优化运行、能效提升提供的基础支撑。

建筑机电系统的运行数据的发展虽然尚存在诸多问题和有待改善的余地，但不可否认的是，有可能让我国的建筑运维管理技术实现跨越式发展，形成数据驱动的技术创新、模型方法及管理模式创新。为此，需要进一步聚焦运行数据的质与量，探索数据驱动的模型方法，实现数据的价值提升和实际应用。

以下问题是今后值得关注和研究的内容。

1）建筑能耗数据定义模型

在信息化系统建设中，根据目标和范围，对其涉及的物理对象和概念、管理活动和事件进行抽象的基础上形成形式化描述，以及经过转化获得的数据模型（定义描述性模型）。包括分类、分项、分区或分户类型。

（1）分类：能源种类，如燃气、蒸汽、电能、热能等。

（2）分项：总电耗、空调分项、照明与插座分项、动力分项、特殊分项等。

（3）子分项：主机、水泵、风机等。

（4）分区（或分户）：公共区电耗、客房区电耗、餐饮区电耗、出租店铺电耗等。

2）建筑能耗数学模型

表征各类能耗变化规律的数学模型。

模型方法有回归模型和物理仿真模型。回归模型还可细分为：传统的统计回归、物理建模、数据驱动模型（机器学习算法等）。传统的回归模型难以对应现实的建筑优化运行需求，物理仿真模型也已呈现出其局限性，未来在建筑运行管理领域需要思考和探索基于运行数据的数据驱动型模型方法。

3）建模数据获取方式

应多维度获取相关信息和数据，线下统计与在线监测相结合，方能支撑数据驱动的模型技术。

4）建筑运行管理中数据应用场景

主要可分为能源需求侧管理、能效评价、用能合理性诊断、机电系统运行优化、机电系统故障诊断等。

对于公共建筑能耗数据模型及应用，笔者梳理如图 1-83、图 1-84 所示。

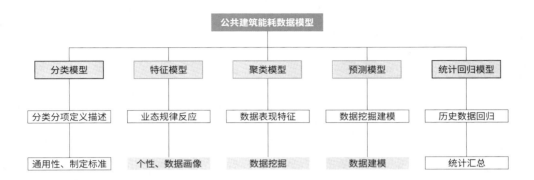

图 1-83　公共建筑能耗数据模型框架

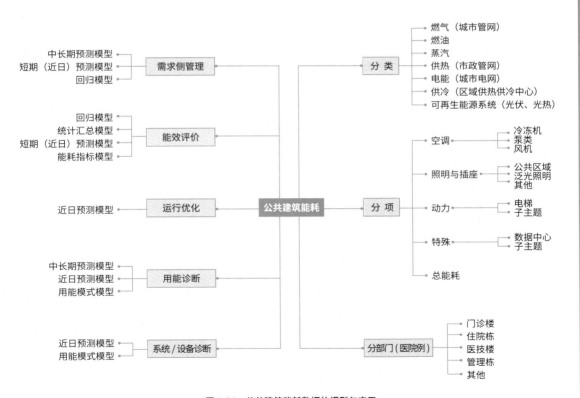

图 1-84　公共建筑能耗数据的模型与应用

第 2 章

公共建筑电耗数据的画像与特征辨识

PORTRAIT AND
FEATURE IDENTIFICATION OF
NON RESIDENCIAL BUILDING
ENERGY CONSUMPTION DATA

建筑能耗数据的有效利用面临三大关键难题：①采集数据的质和量的保障；②基于机理和经验对各种数据的识别和特征提取；③基于现代数据挖掘方法对数据的建模与应用。

本章聚焦数据挖掘，包括数据类型辨识、特征提取、建模的解说。实际上数据挖掘还有一个重要前提是数据质量保障，涉及数据的采集、通信以及采集后的数据清洗等内容，限于篇幅，不在本书赘述，可另寻参考资料。

公共建筑的能耗数据，量大面广且分项分类繁多，大多数情况下建筑运维人员由于缺乏对数据读解的专业素养，难以对其有效挖掘利用。本书按典型公共建筑用途分类并将数据与数据背后的逻辑关联起来，为建筑能耗画像，对其进行类型识别和特征提取，助力对数据的认识。

2.1 典型公共建筑电耗数据的型与状

建筑能耗数据并非枯燥无味的数字，而是隐含丰富内涵、有型有状的信息。

（1）型：反映不同类型。

即：反映不同建筑类型、用能区域和部门用能类型和特征；以及反映不同空调系统形式能耗类型和特征。

（2）状：反映时序列变化特征。

数据在不同季节、日、时间序列上表现的波动类型和特征。

如图 2-1、图 2-2 所示。显然易见不同用途的公共建筑的电耗在日间峰谷变化、平日与休日变化都呈现不同的特征。图 2-2 展示了工作日 / 休日不同时间段能耗的变化规律。

图 2-3 展示了酒店建筑的电耗能流图，可清晰辨识电耗的来龙去脉。

图 2-4 展现了酒店建筑不同用能区域或部门的用电热力图，涵盖全年时间跨度（横轴）与 24 小时时序列的不同部门用电分状况。

可见，在线监测的这些数据可以很直观地勾画出建筑用电特征的实像，有助于建筑的运行管理和优化。

然而，监测计装的现状尚不尽如人意，数据分类分项还存在模糊混杂等问题，存在计装不规范或不到位等诸多缺陷，导致难以准确辨识数据的真相。

这时候需要花费精力分拆、分类和汇总。图 2-5 是一个酒店建筑分项电耗的例子。照明插座分项电耗混杂了诸多其他电耗，无法辨识特征，需要拆分再梳理。

计量计装的乱象需要改正，分类数据的价值需要挖掘利用。数据挖掘的方法见下一节。

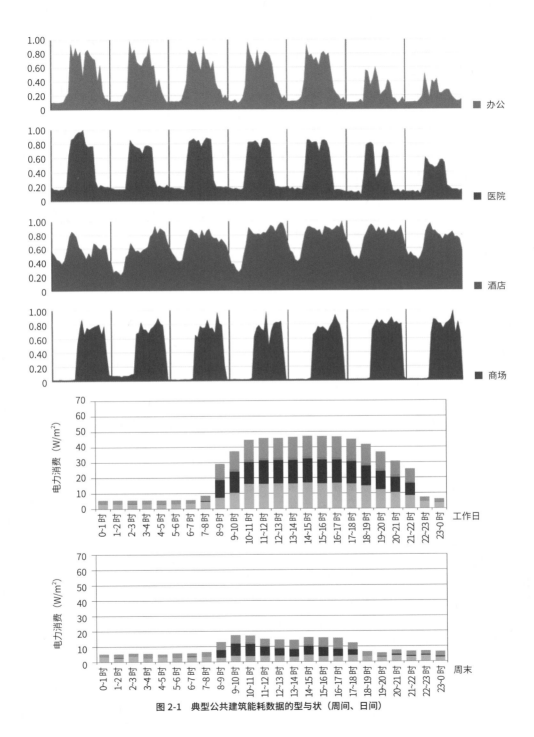

图 2-1 典型公共建筑能耗数据的型与状（周间、日间）

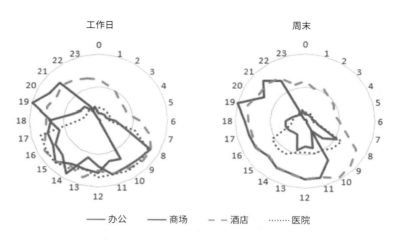

图 2-2　典型公共建筑能耗数据的型与状（日间）

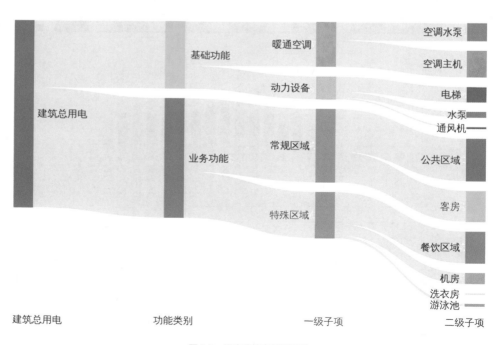

图 2-3　酒店建筑电耗能流图

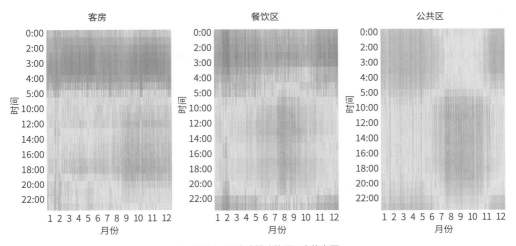

图 2-4 酒店建筑功能区用电热力图

分项电耗拆分与辨识
酒店 F：照明插座用电

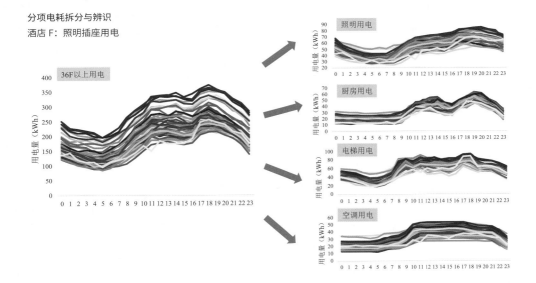

图 2-5 酒店建筑分项能耗的拆分

2.2　数据挖掘的方法与技术

尽管近年来我国快速推进了建筑在线能耗监测平台建设，覆盖建筑逾万栋，横跨不同业态和领域，相关数据迅速增长和积累。然而，我们也面临巨大挑战。

其一是数据质量的确保异常艰难，数据监测的计装工程质量、数据运维的管理水平存在诸多问题；其二是数据的挖掘方法和能力有待提高，其三是数据应用的驱动力不足，需要市场机制创新。

本书聚焦的主题是上述第二个问题。本节介绍一些主要的数据挖掘方法。

与过去利用小样本、基于物理机理的研究不同，从今往后我们处于面向海量数据、大数据的时代，物联网（IoT）、信息交互（ICT）技术进步与数据科技（DT）互为激励，数据驱动将成为重要方法和手段，也是未来人工智能的基础。无疑，在建筑节能领域，能效提升也需要借助数据挖掘的方法。

数据挖掘（DM），又称信息发掘（Knowledge Discovery），是用自动或半自动化的方法在数据中找到潜在的、有价值的信息和规则。数据挖掘技术来源于数据库、统计和人工智能。图 2-6 给出了数据挖掘方法的基本构架。

数据挖掘的基本流程和目标如图 2-7 所示，当我们明确数据应用目的后，就需要从数据的准备开始（包括数据采集和集成、数据的选择和清洗），然后进行数据挖掘分析（分类、聚类、关联分析），建立数学模型，才能实现数据的应用。

对于公共建筑能耗，数据的准备已经具备了初步基础条件，这得益于近年来政府办公建筑及大型公共建筑分项计量、公共建筑节能监管平台建设的数据积累，但确保数据质量仍然是关键环节，且任重道远。需要进一步发展的是数据挖掘和利用。

公共建筑的能耗数据已具备了清晰的分类分项数据模型定义（描述）相关标准，但实际落地的数据模型尚有待进一步完善和积累；而反映典型公共建筑业务特征的分区分户区分及模型都处于较为模糊状态。

主要的数据挖掘方法包括以下几种。

1. 聚类方法

聚类方法属于无监督学习算法，是对未知类型数据的一种分类方法。

（1）K 均值聚类算法（K-means）

是一种基于样本间相似性度量的间接聚类方法。

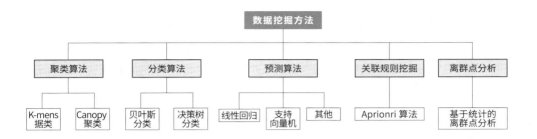

图 2-6 能耗挖掘方法

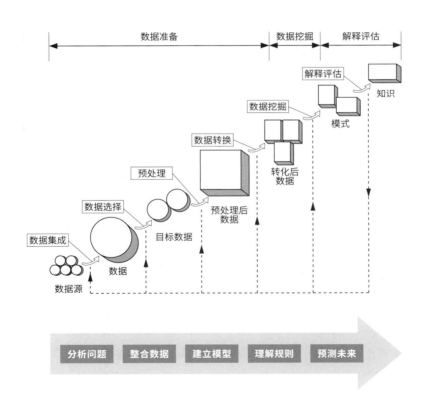

图 2-7 能耗挖掘目标与流程

首先从 N 个数据对象任意选择 K 个对象作为初始聚类中心，而对于剩下的其他对象，则根据它们与这些聚类中心的相似度（距离），分别将它们分配给与其最相似的（聚类中心所代表的）聚类；然后再计算每个所获新聚类的聚类中心（该聚类中所有对象的均值）；不断重复这一过程直到标准测度函数开始收敛为止。如图 2-8 所示。但需留意的是，并非对所有数据都适用，如图 2-9 所示。

（2）层次聚类（hierarchical clustering）

层次聚类主要在不同层次对数据集进行逐层分解，直到满足某种条件为止。

先计算样本之间的距离。每次将距离最近的点合并到同一个类，然后再计算类与类之间的距离，将距离最近的类合并为一个大类。不停地合并，直到合成一个类（图 2-10）。

具体方法有两种：

① top-down，一开始每个个体都是一个初始的类，然后根据类与类之间的链接（linkage）寻找同类，最后形成一个最终的簇。

② bottom-up，一开始所有样本都属于一个大类，然后根据类与类之间的链接排除异己，达到聚类的目的。

（3）Canopy 算法

这个算法获得的并不是最终结果，它是为其他算法服务的，比如 K-means 算法。它能有效地降低 K-means 算法中计算点之间距离的复杂度，如图 2-11 所示。

T_1 和 T_2，称之为距离阈值，显然 $T_1 > T_2$，先确定一个中心，然后计算其他点到这个中心间的距离，依据数据点的距离是大于 T_1，还是小于 T_1 大于 T_2，或是小于 T_2 的情形给予不同的处理。

2. 分类方法

分类方法属于有监督学习算法。

分类是一种重要的数据挖掘技术，其目的是根据数据集的特点构造一个分类函数或分类模型（也常称作分类器），该模型能把未知类别的样本映射到给定的类别当中。最常用的分类算法是贝叶斯分类算法。

（1）贝叶斯分类器

这是基于概率统计思想的分类算法。如在垃圾邮件分类中使用了贝叶斯公式衍生出来的贝叶斯分类器很好地解决了分类问题。有如朴素贝叶斯（Naive Bayes）算法。这

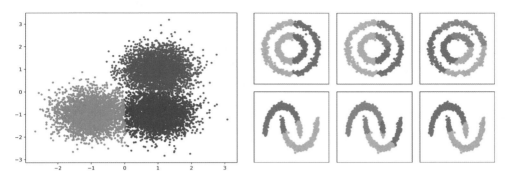

图 2-9　聚类算法 K-means（适用对象：左，不适用：右）[28]

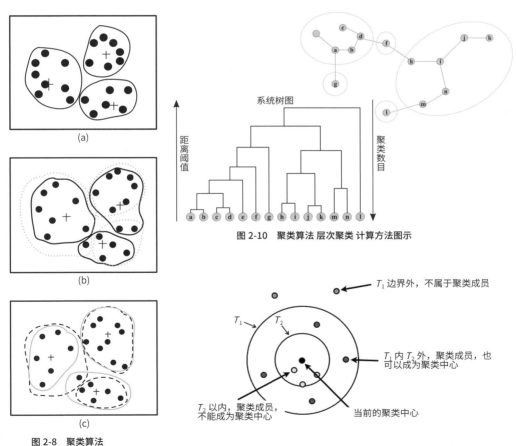

图 2-10　聚类算法 层次聚类 计算方法图示

图 2-8　聚类算法
K-means 计算方法图示

图 2-11　聚类算法 Canopy 计算方法图示

些算法主要利用贝叶斯定理来预测一个未知类别的样本属于各个类别的可能性，选择其中可能性最大的一个类别作为该样本的最终类别。由于贝叶斯定理的成立本身需要一个很强的条件独立性假设前提，而此假设在实际情况中经常是不成立的，因而其分类准确性就会下降。朴素贝叶斯适合预测基于各属性的不同类的概率，因此在文本分类上有广泛应用。如图 2-12 所示。

（2）支持向量机

支持向量机（Support Vector Machine，SVM）是 Vapnik 根据统计学习理论提出的一种新的学习方法。支持向量机算法根据区域中的样本计算该区域的决策曲面，由此确定该区域中未知样本的类别。求解能够正确划分训练数据集并且几何间隔最大的分离超平面，较好地解决了非线性、高维数、局部极小点等问题。如图 2-13 所示。

3. 预测模型

一直以来，公共建筑空调负荷及能耗的预测都是基于建筑热工理论、传热传质理论等白箱模型，基于该类模型典型代表的模拟软件有美国的 Energy Plus、日本的 Hasp、中国的 Dest 等。然而，这样的白箱模型虽然在设计阶段的分析研究和方案优选等定性分析上发挥了重要作用，但在现实工程应用中上存在一定的局限性和瓶颈（后叙）。随着能耗在线监测数据的发展，基于运行数据，通过对历史数据的训练获得"经验"而构建出预测模型，是公共建筑能效管理领域的研究热点以及运行技术的一个重要的发展方向。

这种数据驱动型模型的理论及方法的支撑是机器学习算法。机器学习算法种类繁多，是未来人工智能发展的基础，但是，没有一种算法可以唯一提供最佳解决方案，需要理解算法的基本原理以及拟适用对象问题的特质和规律。认清这一点，对于解决监督学习问题（如预测建模问题）尤其重要。

（1）传统回归模型

在统计学中，变量按变量值是否连续可分为连续变量（计量获取）与离散变量（计数获取）两种。

线性回归是一种参数方法，它对于 X 和 Y 的函数关系形式做出了一种假设。因此，在这种模型下，当给出一个特定 x 值的时候，可根据模型预测 $\hat{y}$ 的值。参数方法属于推断统计的一部分，一般正态分布用参数方法。多元回归是建筑能耗分析总常

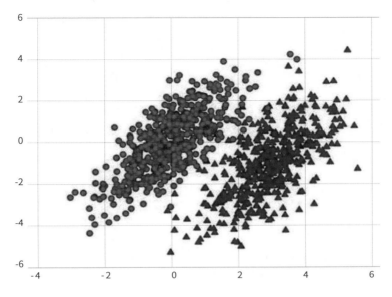

图 2-12 聚类算法 朴素贝叶斯方法图示

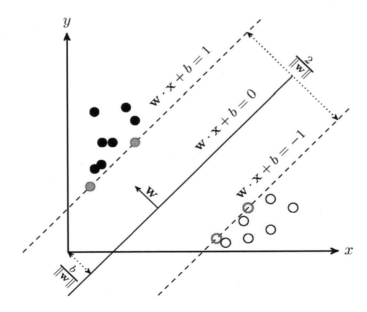

图 2-13 聚类算法 支持向量机方法图示

用的模型，如图 2-14 所示。对于二项分布的因变量，采用逻辑回归模型（Logistic Regression），如图 2-15 所示。主要用于分类。

（2）数据驱动模型（Data-Driving Modeling）

传统统计学以关联模型驱动为特征，而现代统计学则是数据驱动发展带来的拓展。是建立在复杂非线性问题需求、大数据及机器学习算法发展背景下的产物。在存在大量现有数学模型无法处理的复杂数据的情况下，计算机领域的研究人员和部分概率论及统计学家开发了机器学习算法，处理了传统统计无法解决的诸多问题。以下简要介绍几种机器学习算法。

① 人工神经网络模型（Artificial Neural Network，ANN）

其实质就是人脑神经系统的数学模型，属于黑箱模型。

人工神经网络 = 神经元 + 连接，人工神经网络模型就是完成输入到输出的非线性映射，包含三个要素：连接权值、求和单元、激活函数，如图 2-16 所示。

② 决策树（Decision Tree）

顾名思义常用于决策判断，是直观运用概率分析的一种图解法，也可用于预测。

决策树同时也可以依靠计算条件概率来构造。缺点是对有时间顺序的数据，需要很多预处理的工作，将连续的特征离散化处理。如图 2-17 所示。

决策树算法就是通过对已有明确结果的历史数据进行分析，寻找数据中的特征。有多种算法，如表 2-1 所示，多用于分类。ID3 是其中的一种算法。ID3 算法最早是由罗斯昆（J. Ross Quinlan）1975 年在悉尼大学提出的一种分类预测算法，其核心是"信息熵"。

表 2-1　决策树算法的比较

算法	支持模型	树结构	特征选择	连续值处理	缺失值处理	剪枝
ID3	分类	多叉树	信息增益	不支持	不支持	不支持
C4.5	分类	多叉树	信息增益比	支持	支持	支持
CART	分类、回归	二叉树	基尼系数、均方差	支持	支持	支持

然而，ID3 算法模型是用较为复杂的熵来度量，使用了相对较为复杂的多叉树，只能处理分类不能处理回归。对于这些问题，CART 分类树算法大部分做了改进而可适用于回归，也可以做分类。CART 分类树算法使用基尼系数来代替信息增益比，基尼系数代表了模型的不纯度，基尼系数越小，则不纯度越低，特征越好。

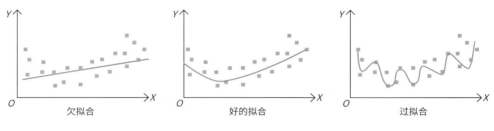

图 2-14 多元回归模型

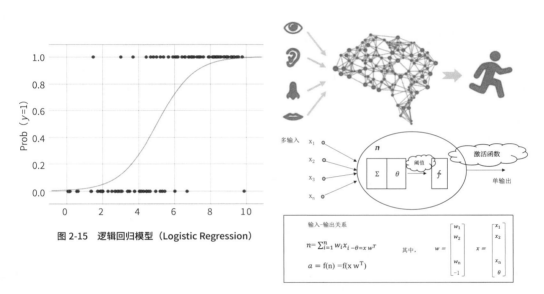

图 2-15 逻辑回归模型（Logistic Regression）

图 2-16 神经网络模型

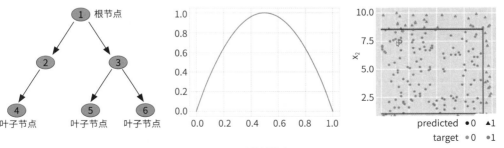

图 2-17 决策树模型

所以有用于预测的回归树和用于分类的分类树，两者的区别在于样本输出，如果样本输出是离散值，那么这是分类树。如果样本输出是连续值，这是回归树。

CART 模型包括选择输入变量和那些变量上的分割点，直到创建出适当的树。使用贪婪算法（Greedy Algorithm）选择使用哪个输入变量和分割点，以使成本函数（Cost Function）最小化。在树建造的结尾使用了预定义的停止准则，比如分配到树上每一个叶结点的训练样本达到最小数量。

决策树本身适合处理多分类问题；对数据的缺失值不敏感，所以当数据集中存在大量缺失时仍能保持一定的精确度；能够处理成千上万的变量，适合处理高维问题，并且能给出特征的重要程度。

（3）随机森林（Random Forest）

随机森林分类器将许多决策树结合起来以提升分类的正确率。

决策树容易走向过拟合，随机森林在很大程度上克服了过拟合这一缺陷，其本身并没有什么特别之处，但它却是决策树一个非常优秀的扩展，呈现为决策树的集成算法形式（图 2-18）。但随机森林同时也削弱了易解释性，因为可能会扩大数量庞大的树，而且它们使用的多数投票规则会使模型变得更加复杂。同时，决策树变量之间也存在相互作用，如果大多数变量之间没有相互作用关系或者非常弱，那么会使得结果非常低效。

随机森林就是由多棵 CART 构成的。每棵 CART 使用的训练集是从原始样本集中有放回采样得到的，特征集是从原始特征集中按照一定比例采取无放回抽样得到的。

选择随机森林的一个重要原因是它可以给出特征的重要性度量。分析特征的重要程度是为了研究哪些因素影响耗能及如何影响？

随机森林有多种度量方式来衡量变量重要程度，例如平均准确度减少量 MDA。MDA 的定义为袋外数据在属性值发生轻微扰动后的预测准确度与扰动前预测准确度的平均减少量。图 2-19 展示了随机森林建模流程。

在构建模型时，随机森林的一个重要参数是树的数量。随机森林作为一种集成算法，随着树的数量增多模型误差会逐渐减小。但当树的数量继续增多时，模型误差不再减小。另外一方面，树的数量越多则模型复杂度越高。所以选择合适数量的树至关重要。

面对公共建筑能耗数据分析，究竟改采用何种算法？回应这样的问题取决于许多因素，包括：数据分析目的，聚类、分类还是预测？数据的大小、质量和性质，连续、离散、时序列、高维、海量？计算时间、计算负荷。

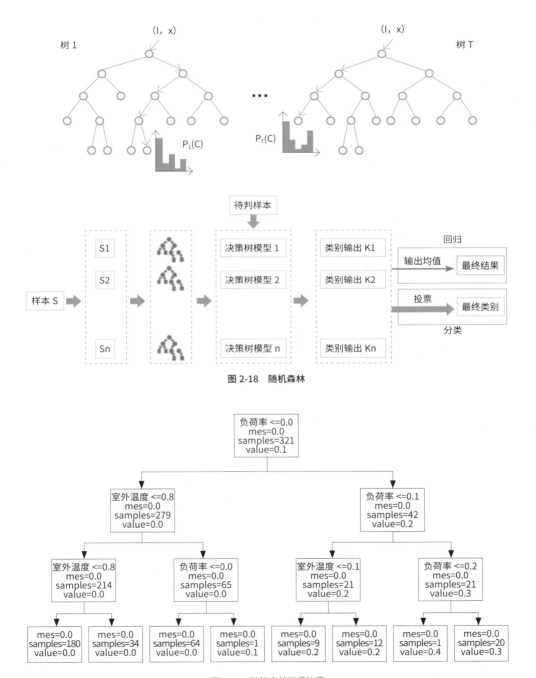

图 2-18　随机森林

图 2-19　随机森林建模流程

④ 支持向量机（Support Vector Machine，SVM）

支持向量机是专门针对有限样本情况的学习机器，实现的是结构风险最小化（图 2-20）：在对给定的数据逼近的精度与逼近函数的复杂性之间寻求折中，以期获得最好的推广能力；它最终解决的是一个凸二次规划问题，从理论上说，得到的将是全局最优解，解决了在神经网络方法中无法避免的局部极值问题。

它将实际问题通过非线性变换转换到高维的特征空间，在高维空间中构造线性决策函数来实现原空间中的非线性决策函数，巧妙地解决了维数问题，并保证了较好的推广能力，而且算法复杂度与样本维数无关。

支持向量回归算法（Support Vector Regression，SVR）主要是通过升维后，在高维空间中构造线性决策函数来实现线性回归，用 ε 不敏感函数时，其基础主要是 ε 不敏感函数和核函数算法。核函数一般有多项式核、高斯径向基核、指数径向基核、多隐层感知核、傅立叶级数核等。

SVM 中含有两种模型（图 2-21）：support vector classify（SVC）找出分类面，解决分类问题；support vector regression（SVR）支持回归机做曲线拟合、函数回归，做预测。

支持向量机回归模型原理如图 2-22 所示。

SVM 拥有可靠的统计理论基础，实现了全局寻优，且对于高维度、小样本数据有较高的预测精度，既可用于分类也可用于预测。

SVR 计算过程中主要涉及两个影响参数，即惩罚参数 C 和核函数参数 g。SVR 参数的选择对模型的预测精度有很大影响，参数选择不当易出现过学习或欠学习现象。

2.3　基于数据挖掘的典型公共建筑电耗数据画像

本节聚焦公共建筑能耗数据，基于案例对典型公共建筑能耗进行汇总分析，以实现初步的画像识别，为后续的数据驱动建模奠定基础。

1. 建筑型能耗画像框架及总体像

以办公建筑为例，对办公建筑能耗的画像可从对应的不同区分要素的维度、数据汇总的形式的维度进行构建，框架如图 2-23 所示。

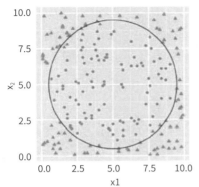
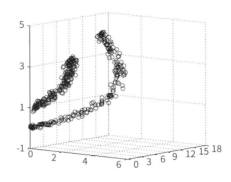

图 2-20　支持向量机（非线性分类器）

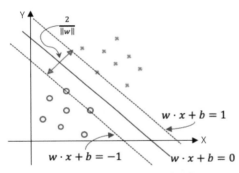

使得到超平面最近的样本点的距离最大
SVC

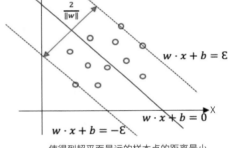

使得到超平面最远的样本点的距离最小
SVR

图 2-21　支持向量机（非线性分类器）

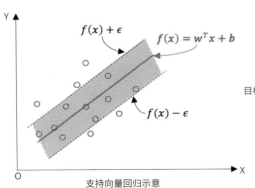

支持向量回归示意

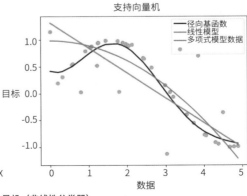

图 2-22　支持向量机（非线性分类器）

首先通过宏观统计数据或指标从整体上认识建筑能耗特征，例如总能耗强度指标。

通过文献调研的方式，获取了夏热冬暖地区 38 栋商业办公楼、夏热冬冷地区 13 栋商业办公楼、寒冷地区 25 栋商业办公楼、夏热冬暖地区 21 栋党政机关办公楼的年度耗能强度。同时，表 2-2 列出了《民用建筑能耗标准》（GB/T 51161—2016）[29] 各地区对应建筑类型的用能强度约束值和引导值指标。

表 2-2　不同气候区办公建筑能耗定额标准

地区	办公类型	约束值 /(kWh·m⁻²·a⁻¹)	引导值 /(kWh·m⁻²·a⁻¹)
夏热冬暖地区	B 类商业办公	100	75
	B 类党政机关	80	60
夏热冬冷地区	B 类商业办公	110	80
寒冷地区	B 类商业办公	80	60

图 2-24 通过文献调研结果汇总给出了不同气候区办公建筑的年间单位建筑面积能耗指标（能耗强度指标），能耗强度因气候区而异，也因具体用途（政府办公、商业办公）而不同。图 2-25 为本节自选研究的案例，处于中位或低位水平，因为这些案例大多为绿色建筑或节能示范建筑。

2. 基于实际运行数据的时间序列电耗规律的画像

（1）建筑功能分区能耗规律

图 2-26 展示一个案例中不同功能分区、不同日类型下的能耗像（归一化处理后），直观描画了各功能区能耗在不同日、时间带的变化规律。

由图中可见，即使是同类、同一建筑的不同功能分区，也呈现出不一样的分布规律。

即使在休息日，各区也存在一定电耗，普通办公区休息日加班会呈现与平日相似的用能分布（强度略低），其他分区维持略低、相对恒定的电耗。图中雷达图画出了在典型工作日 / 周末休日的时间分布规律。

（2）逐月能耗规律

办公建筑的用能与室外环境密切相关，特别是分项电耗中的空调用电。如图 2-27 所示，夏热冬冷地区、寒冷地区冬夏季均有需求，全年电耗呈双峰状、但前者峰值在夏

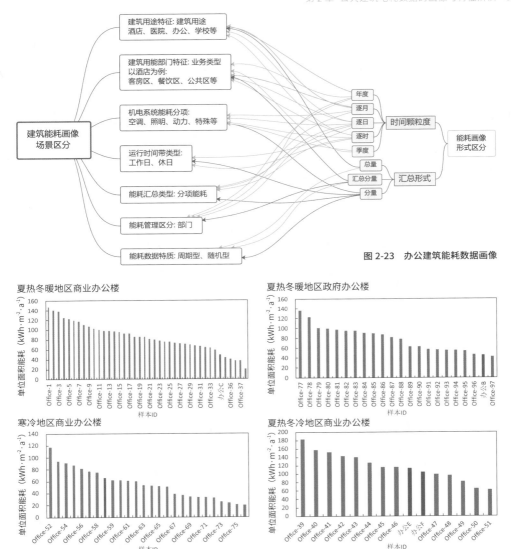

图 2-23　办公建筑能耗数据画像

图 2-24　办公建筑能耗强度（不同气候区和用途）

图 2-25　办公建筑案例图片（企业总部大楼、政府办公大楼、空调机房）

季，后者峰值在冬季；夏热冬暖地区呈单峰状，冬季无采暖需求。图中引入逐月电耗率的概念（逐月电耗与全年月电耗平均值之比）是为了更直观展示用电规律。

图 2-27 展示的是在不同气候区选区案例的建筑逐月总电耗分布（归一化处理后），可以看出不同气候区、不同冷热源系统的运行规律，其中不同的办公建筑类型之间也存在一定差异。一般来说建筑电耗大致由非季节性的基础电耗（全年相对恒定的照明插座及设备电耗）与季节性空调采暖电耗构成，夏热冬暖地区电耗在全年呈现单峰状态，这是因为该地区冬季大都不需要采暖，全年仅有基础电耗加上夏季空调电耗（峰的部分）；而夏热冬冷地区则冬需采暖、夏需空调，所以全年电耗出现双峰形态；寒冷地区也呈双峰形态，但冬季峰值大于夏季。

（3）逐时能耗规律

图 2-28 展示了办公建筑分项电耗在工作日的逐时变化。

空调电耗呈现明显的上下班时间特征、早上开机峰值及逐渐下降趋势特征；照明插座、动力分项电耗也呈明确的上下班时间特征、期间相对稳定（照明电耗在中午午休时间段呈现低谷）、特殊用电分项电耗昼夜同样维持同样电耗（本案例建筑拥有计算机机房 24 小时连续运行设备）。

图 2-29 是典型周的逐时分项电耗分布。周末休息日因加班导致仍然存在部分电耗。

3. 建筑电耗与室外气温的关系

对全年电耗数据、室外温度进行相关分析，可以获取建筑空调采暖系统的运行规律，也能掌握建筑热工性能及运行特征。如图 2-30 所示，常用多参数（3P、5P）单变量（室外温度）模型来分析研究其规律。图 2-31、图 2-32 展示了基于运行外部气象条件下整理的办公建筑电耗全年分布特征。

如图 2-31 所示，夏热冬暖地区的建筑明显呈 3P 模式（夏季单峰），而夏热冬冷、寒冷地区建筑呈 5P 模式（冬、夏季算双峰），如图 2-32 所示。图中将工作日（绿色点）与非工作日（红色点）区分，后期其分布特征可更直观可见。这里可关注两点：电耗转折点对应的室外温度（空调采暖开启的临界温度）和斜线斜率。

当夏季室外温度达到临界值后，随着室外温度的上升，空调制冷开启，用电增加，而当室外温度低于临界值时，空调用电维持在相应的基础电耗。从案例数据分析看，政

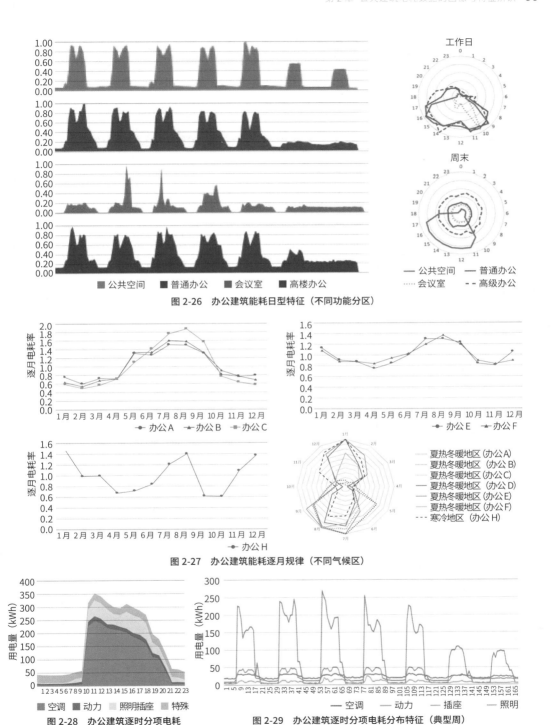

图 2-26 办公建筑能耗日型特征（不同功能分区）

图 2-27 办公建筑能耗逐月规律（不同气候区）

图 2-28 办公建筑逐时分项电耗
分布特征（典型工作日）

图 2-29 办公建筑逐时分项电耗分布特征（典型周）

府办公楼（办公楼 B）的制冷开启的临界温度比企业自用办公楼（办公楼 A）要低（也就是说政府办公楼 B 较企业自用办公楼 A 在较低室外气温情形下就开启了空调供冷）。推测是政府办公楼 B 面积较大，存在很大的内区，且办公设备和人员数量都较多，内部发热大，因此制冷开启的临界温度相对于企业自用办公楼 A 偏低一些（空调开启时间靠前），可能也有企业自用办公楼往往更加注重节能的原因。

对于空调用电量随室外温度变化的斜率，可见政府办公楼（办公楼 B）小于企业自用办公楼（办公楼 A）。显示出政府办公楼受到室外温度的影响比企业自用办公楼小，实质上反映的是围护结构性能和室内新风量大小。围护结构热工性能佳则对室外温度敏感性低（斜率小），新风量大则能耗受室外温度影响大（斜率大）。

冬季室外温度低于供暖临界值后，随着室外温度的降低，空调用电增加，而当室外温度处于制热制冷过渡温度区间时，建筑用电维持在相应的基础电耗（图 2-32）。由图中可见，对于制热制冷过渡温度区间范围，多联机空调系统（办公楼 D）小于集中式空调系统（办公楼 H）。其原因在于，对于一般的集中式空调系统，只有当室外温度高于特定值或室外温度低于特定值时，大楼运维管理人员才会统一开启空调，而当室外温度处于制热制冷过渡温度区间时，大楼往往利用通风或免费制冷处理室内负荷。而对于多联机空调系统，室内人员可以根据自身需求灵活地开启或关闭空调，当室外温度稍高或稍低时就会有部分人员开启空调，因此制热制冷过渡温度区间很小，办公楼 D 的温度区间仅为 2.43℃。

图中斜率，反映的是建筑温隔热、新风、运行控制等多元因素的综合结果。

图 2-33 展示的两例数据显得有些杂乱，原因是办公楼 E 和办公楼 F 并非纯粹的办公建筑，而带有少量商业功能，且办公楼里大多数为小客户分散出租，运行时间上具有不一致性，因此整体物业管理比较混乱，空调用电的规律性较差。这也是现实中存在的实像。

4. 周间的分项能耗规律

建筑逐时电耗数据是非常有价值的基础数据，能够揭示建筑里在室人员活动、机电系统运行的规律，如办公楼里上下班时间、空调系统启停时间、周末加班情况等。为给其规律画像，将获取的逐时电耗数据进行最大值归一化处理后呈现。

一般来说，不同类型的办公建筑用能特征差异能体现在照明插座用电上，选取典型办公建筑类型——企业自用办公楼（办公楼 A）、政府办公楼（办公楼 B）、商务写字楼（办公楼 C）的数据整理图示说明。

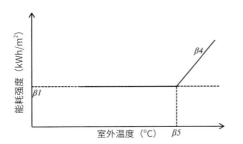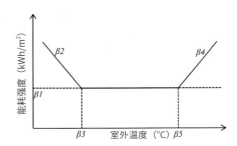

图 2-30 多参数单变量回归模型

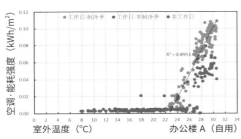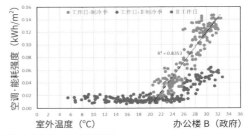

图 2-31 办公建筑电耗分布（夏热冬暖地区：3P 回归模型）

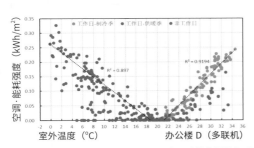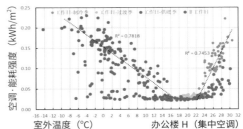

图 2-32 办公建筑电耗分布（夏热冬冷地区：5P 回归模型）

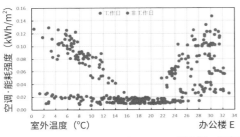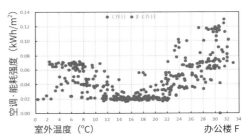

图 2-33 混合用途建筑电耗分布

三类的不同办公建筑都具有明显的工休日特性，周一至周五出现周期性的上班时间为用电高峰，而周末较平缓（图 2-34）。企业自用办公楼在中午有明显的午休时间。周末企业自用办公楼和商务写字楼有少许加班情况，上班时间比工作日晚，下班时间比工作日早；而政府办公楼没有明显的加班现象。

不同分区的照明插座电耗分布如图 2-35 所示。同一办公楼里不同功能分区或业态空间的用能也会有差异性，主要体现在照明插座用电上。选取具有更细空间颗粒度电耗数据的办公楼 A 进行分析，将办公楼分为公共空间、普通办公、高级办公、会议室等四类业态空间，分析不同业态空间的用电规律。可以看出，公共空间、普通办公和高级办公都具有明显的工休日特性，而会议室呈现不定期的尖峰特性，原因在于会议室的照明插座用电跟会议活动密切相关。

不同空调系统形式的用电规律具有差异性，选取具有典型空调系统形式的办公建筑，螺杆式冷水机组（办公楼 A）、多联机空调系统（办公楼 D）、水蓄冷空调系统（办公楼 H），对空调用电分项进行画像（图 2-36）。

从图中看出，不同空调系统形式的办公楼空调用电均具有明显的工休日特性，此外，螺杆式冷水机组和多联机空调系统每日用电高峰出现在早晨，原因在于经过一个晚上室内空间有大量蓄热，而水蓄冷系统每日用电高峰出现在夜间则是因为利用夜间的低谷（凌晨 2 时至 7 时）进行蓄能；多联机空调系统控制比较灵活，早晨室内人员进入办公室后才陆续开启空调，而傍晚人员下班离开后空调陆续关闭，因此用电高峰时间段比较短，且相对平稳。而在周末明显看出加班人员的上班时间推迟了 1~2 个小时。

5. 分项能耗结构

在公共建筑能耗构成中，空调采暖通风能耗占据一半以上，是能耗大户，也是建筑节能的重头戏。

办公建筑分项能耗结构如图 2-37 所示（基于统计资料）。对于占比大的空调采暖能耗也展示了细分构成。但是，具体到个案，存在着较大的差异性，在实际数据挖掘和应用中需针对个案实施、挖掘其独有特征和规律，方能有的放矢给出优化策略和对策。

分项能耗结构特征如图 2-38 所示（6 个案例）。大部分办公建筑的照明插座用电分项占比达到最大，接近 50%。需要留意的是，实际工程的分项计量的区分并未完全清晰划分，特别是照明插座用电分项中不可避免地混入了末端风机盘管甚至部分分体空

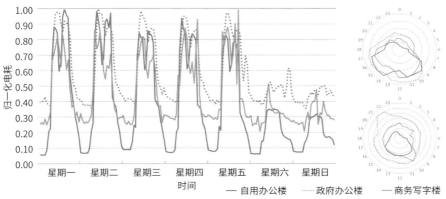

图 2-34 办公建筑照明插座分项（不同类型，典型周画像）

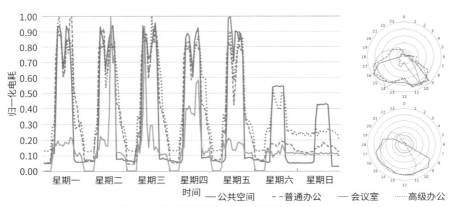

图 2-35 办公建筑照明插座分项电耗规律

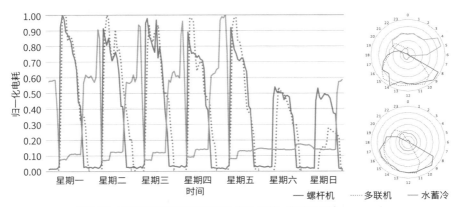

图 2-36 办公建筑空调分项电耗规律（不同系统，典型周画像）

调的能耗。案例 A 的照明插座用电分项仅占 28%，查其原因是：一方面，办公楼的照明控制采用上班打卡系统联动和充分利用自然采光，照明能耗比较低；另一方面，办公楼含有数据中心能耗大户部门（特殊用电），导致照明插座分项能耗比例相对降低。案例 E 的照明插座用电分项占比达到 82%，现场调研得知，该建筑采用的是小客户分散出租模式，租户大量使用分体式空调，而该部分能耗被混同计入了照明插座用电分项中。

需要注意的是，案例 A、B、C、H 虽然分属不同气候区但其空调用电分项占比接近，背后的原因分析：案例 A、B、C 同属夏热冬暖地区，仅有夏季制冷能耗，而案例 H 位于寒冷地区，夏季制冷冬季采暖的能耗均计量在内。可能是由于夏热冬暖地区供冷时间长，而寒冷地区虽然供冷时间缩短，但采暖期能耗大，两类地区的案例被均衡了。

动力用电分项，能耗占比跟办公楼高度密切相关，高度越高，电梯和生活水泵消耗的能量越多。对于特殊用电分项，在办公建筑中占比很低甚至没有，办公楼 A 的特殊用电主要用途是数据中心，其占比较大。

图 2-39 是上海某医院的电耗数据分布，空调分项电耗占比大，夏季为电力消耗峰值。不仅是节能重点，也是未来需求管理的关注重点。因为该医院冬季采用非电热源，所以该图中没有出现冬季电耗峰值。

6. 基于数据聚类的能耗规律画像

直观的数据画像为我们认识公共建筑能耗规律提供了基础，然而，实际中获取的能耗数据并不都完整和理想，面对这样的数据需要采用数据挖掘的方法。在前面章节介绍了基于数据挖掘的分类、聚类主要方法。借用这些方法可帮助对数据的认识。聚类经典算法是 K-Means 聚类，把每个对象分配给距离最近的聚类中心，这里常见的距离度量包括欧氏距离、曼哈顿距离、马氏距离、明氏距离等。然而，这种划分是硬划分，把每个待辨识的对象严格地划分到某类中，具有"非此即彼"的性质，即每种类别划分的界限是分明的。实际上，大多数对象并没有严格的属性，它们在性质和类属方面存在着中介性，具有"亦此亦彼"的性质，因此适合进行软划分。基于此，模糊 C 均值（Fuzzy C-Means，FCM）聚类算法被提出并广泛应用于数据挖掘领域。FCM 聚类不是简单地把某一对象归于某一类，而是通过隶属度的概念反映各个对象属于各类别的程度，具有软划分的性质。兹以一自用办公楼为例分析如下。

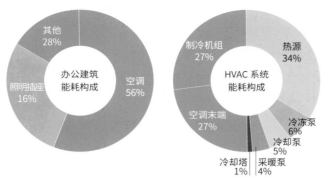

图 2-37 办公建筑分项电耗构成

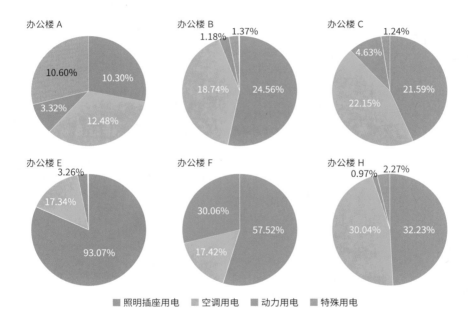

■ 照明插座用电　■ 空调用电　■ 动力用电　■ 特殊用电

图 2-38 办公建筑分项电耗构成（著者案例）

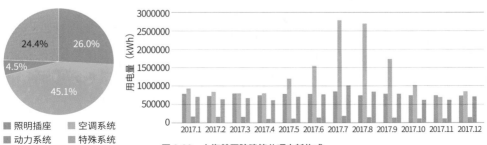

图 2-39 上海某医院建筑分项电耗构成

1）相似日的聚类识别

相似日定义为逐时电耗波动模式相似的用电日类型，因此，相似日的用能特征以及背后反映的用能习惯具有一致性。FCM 聚类算法通过对电耗时序列的数学特征进行描述，将全年 365 天的逐日用电时序列聚成多个簇（类）。

这里聚类的目的是区分不同日的时序列波动模式，考虑到办公建筑白天工作时间电耗比较高，而夜间休息时间电耗非常低，因此选取日的时序列数学特征（当日电耗时均值、当日逐时电耗标准差、当日工作时间 8~18 时电耗时均值、当日工作时间 8~18 时逐时电耗标准差）作为特征参数，分别对建筑的照明插座用电、空调用电、动力用电和特殊用电量进行 FCM 聚类分析。

（1）照明插座分项能耗

对于该企业自用办公楼案例的照明插座逐时电耗量，利用 FCM 聚类算法聚类的结果如图 2-40 所示，各聚类类别的特征描述如表 2-3 所示，可以看出以下特征。

表 2-3 办公楼（企业自用型）照明插座用电相似日聚类结果统计

组 ID	样本个数（日）	日类型描述	特征属性描述
I	19	工作日 - 低温组	平均温度 11.97℃ 时均电耗 52.57kWh
II	224	工作日 - 中 / 高温组	平均温度 24.79℃ 时均电耗 32.60kWh
III	79	周末	平均温度 23.99℃ 时均电耗 13.90kWh
IV	43	节假日	平均温度 21.55℃ 时均电耗 8.45kWh

① 周期性特征：有效区分了周期有序序列 [图 2-40（a）、图 2-40（b）] 和紊乱无序序列 [图 2-40（c）、图 2-40（d）]，以工作日 / 非工作日作为区分标签。对于工作日，每天电耗时序列变化基本一致，呈现出办公建筑的上下班和午休规律，具有周期有序特征；对于非工作日，每天电耗时序列变化相对复杂，相对差异性加大，呈现紊乱无序特征。

② 按室外气温分档聚类：工作日类别还有效区分了低温组和中 / 高温组（图 2-41），区分标准为室外日平均温度。当处于冬季室外温度较低时，办公楼里部分人员开启了电加热设备，波峰增高；而处于过渡季或夏季时，照明插座用电为照明设备和办公设备用电，波峰显著低于冬季。

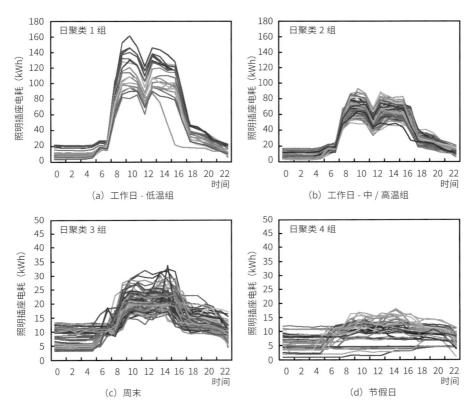

图 2-40　办公楼（企业自用）照明插座逐时电耗量聚类结果

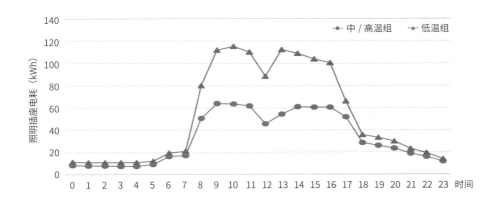

图 2-41　工作日聚类组的照明插座逐时电耗

③ 周末节假日类别：对于非工作日，聚类结果有效区分了周末 [图 2-42（a）] 和节假日 [图 2-42（b）]，说明周末往往有部分人员加班，而节假日加班情况则非常少。

（2）空调分项能耗

对于企业自用办公楼的空调用电，利用 FCM 聚类算法聚类的结果如图 2-43 所示，可以看出，聚类结果有效区分了工作日与非工作日、室外温度水平高低类别。对于工作日，当室外日平均温度处于高温组时，空调电耗时序列变化比较平稳，波峰高 [图 2-43（a）]，当室外日平均温度处于中高温组时，波峰降低 [图 2-43（b）]；对于非工作日，同样地，当室外日平均温度处于高温组和中高温组时，空调电耗时序列具有平稳特性，中高温组比高温组的波峰降低 [图 2-43（c）、图 2-43（d）]。而当室外日平均温度处于中温组时，由于空调系统反复启停，空调电耗时序列变化呈现非平稳特性 [图 2-43（e）]；当室外日平均温度处于低温组时，由于空调系统处于关闭状态，空调电耗时序列在工作日和非工作日均基本为水平线 [图 2-43（f）]。

（3）动力分项能耗

利用 FCM 聚类算法聚类的结果如图 2-44 所示，可以看出，聚类结果有效区分了工作日与非工作日。办公楼里动力用电主要包括电梯、生活水泵和通风机，工作日和非工作日楼里人数差别很大，造成相应设备的使用频率有较大差异，因此动力用电具有明显的工休日特性。而一天 24 小时，动力用电的时序列变化与上下班时间密切相关，主要用电发生在白天上班时间段。此外，由于动力设备具有反复启停的使用规律，如电梯在有人使用时启动，无人时待机，生活水泵在水箱水位下降到一定高度后启动，而补水到相应高度后停机，因此动力用电序列呈现出锯齿形的波动特征。

（4）特殊用电分项能耗

办公楼的特殊用电分项，不同建筑内的用能设备差异较大。该案例办公楼特殊用电主要包括信息数据中心的用电，由于数据中心需要全年 8760 小时持续运行，特殊用电没有明显的日类型差异，而数据中心的空调负荷主要来自服务器散热，受外部气温影响的围护结构负荷、新风负荷占比小，因此特殊用电与室外温度变化相关性很弱。图中可见该办公楼特殊用电全年比较稳定，没有日类型差异和室外温度水平高低的差异，因此归为同一类用电模式，如图 2-45 所示。

2）相似小时的聚类识别

在相似日聚类识别的基础上，进一步聚类的目的是识别组内样本小时电耗变化的

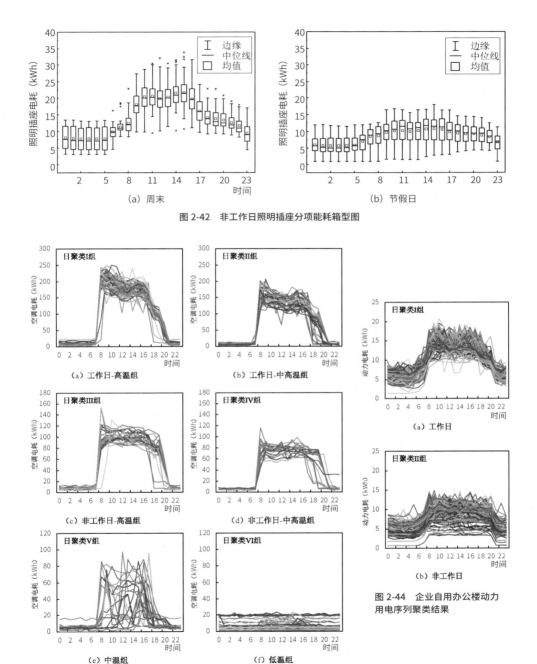

图 2-42 非工作日照明插座分项能耗箱型图

图 2-43 非工作日照明插座分项能耗箱型图

图 2-44 企业自用办公楼动力用电序列聚类结果

分布，其中，相似小时定义为同一日聚类中电耗增长模式相似的小时。具体而言，每一组日聚类均可视为以 24 小时为 ID 的 24 个样本，而每组日聚类包含的样本数则为各小时 ID 对应的维度。例如，对于上一小节企业自用办公楼的照明插座用电，日聚类 I 类（工作日 - 低温组）包含 19 个样本，小时聚类则可视为包含 19 维属性的 24 个小时样本，日聚类 II 类（工作日 - 中 / 高温组）包含 224 个维度（日），小时聚类则可视为包含 224 维属性的 24 个小时样本。为了识别各小时电耗的增长幅度，此处样本属性选取相邻小时的电耗变化值。而根据一天中办公建筑电耗的逐时变化趋势，将小时聚类的类别数设为 3，包括稳定型小时、渐变型小时和突变型小时。

对上一小节企业自用办公楼照明插座用电的四类日聚类分别进行小时聚类，结果如图 2-46 所示。对于工作日的 I 类（工作日 - 低温组）、II 类（工作日 - 中 / 高温组），休息时间 19 时至第二天 7 时、工作时间 10~11 时和 14~16 时，均为稳定型时段，电耗变化不大，表明这些时段内建筑处于相对稳定的运行状态；8 时和 18 时对应人们的上下班时间，照明插座的使用强度有很大起伏，相应电耗急剧变化，属于突变型时段；而 9 时、17 时以及午休时间 12~13 时，照明插座用电有小幅波动，对应为渐变型时段。对于 III 类（周末），9 时和 17 时为突变型时段，与工作日的 I 类、II 类相比，突变型时段对应的时刻上午推迟而下午提前，说明周末大楼里虽然有人加班，但工作时间明显短于工作日，即上班时间晚而下班时间早。对于 IV 类（节假日），由于节假日的基础电耗很低，电耗的小幅波动相对被放大，因此聚类结果比较杂乱，但这并不影响用能特征与能耗预测分析，因为电耗波动的绝对幅度在一个很小的范围内。

综上，利用 FCM 聚类算法进行相似小时序列分项电耗数据聚类，能够很好地识别稳定型、渐变型和突变型的时序列数据特征，也为下一步能耗预测模型研究提供了感性认识和基础支撑。

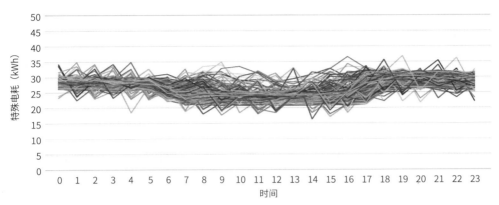

图 2-45　企业自用办公楼特殊用电序列聚类结果

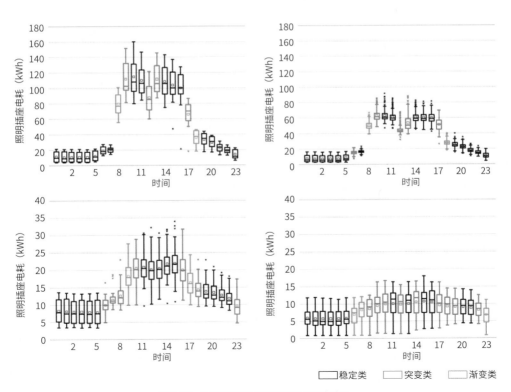

图 2-46　办公楼照明插座用电的小时聚类结果

第 3 章

CHAPTER 03

公共建筑的能耗建模与应用

ENERGY CONSUMPTION
MODELING AND
APPLICATION OF
NON RESIDENCIAL BUILDING

把握建筑运行中能耗的规律是优化建筑运行策略、提升建筑能效的基础，从能耗数据的获取、挖掘分析到建立模型，是贯穿建筑节能全过程的重要环节和手段。

3.1　建筑能耗的建模方法简述

建筑能耗模型一直是建筑节能研究的基础，涉及多种方法，如图 3-1 所示。本节介绍主要的模型方法。

1）白箱模型

关于建筑能耗模型，长期以来都是基于建筑热物理等理论和原理的动态建筑能耗模拟，通常称之为白箱模型，常用的程序包括 DEST、EnergyPlus、eQUEST 等。这类模型的优势是可较为科学地预测建筑的空调负荷，可以定性分析不同节能方案对能耗的影响，确定最优节能措施；其劣势是难以准确预设未来建筑运行条件（参见后文结合案例的具体解说），难以准确描述实际工程中复杂、多元化的空调系统及性能，以至无法确保在建筑实际运行中预测结果的可靠性和精度。因此，局限了白箱模型的实际运行管理中的指导作用。建筑能耗的建模涉及诸多参数，如图 3-2 所示，其中涉及若干不确定参数（橙字），如图 3-3 所示。

本书聚焦实际运行数据及其模型方法的解说，关于白箱模型已有大量参考书籍和资料，故不在此赘述，可参阅其他相关文献、图书。

2）统计回归模型

可以分为简单线性回归分析和多元线性回归分析。简单线性回归只有一个自变量（设为 X）和因变量（设为 Y），变量间可以通过直线的关系来描述。其表达式如下。

$$Y=a+bX \qquad (3-1)$$

式（3-1）中 a 为截距，b 为直线的斜率。多元回归则是由多个自变量（X_1，X_2，X_3，…，X_n）来描述一个因变量（Y），这种情况在实际生活中更为常见。多元回归的模型可以用以下线性表达式表示。

$$Y=e+b_1 X_1+b_2 X_2+b_3 X_3+\cdots+b_n X_n \qquad (3-2)$$

其中 b_1，b_2，b_3，…，b_n 为待定参数，e 为统计误差。统计回归分析是建筑能耗数据分析中的非常基础、非常重要的一种方法。

图 3-1　建筑能耗数学模型类别

图 3-2　建筑能耗模型关联参数

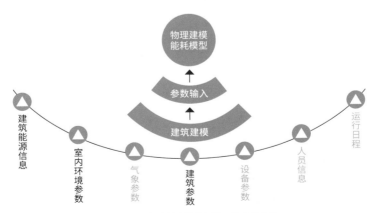

图 3-3　建筑能耗白箱模型的不确定性参数

3) 数据驱动模型

数据驱动模型基于海量数据及大数据背景、依托数据挖掘理论和方法。数据驱动是未来科学研究和工程应用研究的重要手段，数据驱动模型研究也将是未来建筑能耗数据挖掘研究的主要发展方向。

时间序列分析方法属于数据驱动模型方法。由于建筑系统的强大惯性，建筑能耗在短时间内常表现为在过去能耗基础上的一种随机起伏。时间序列分析方法可用于对建筑能耗进行分析与预测。

3.2　白箱模型方法的应用与局限性

长期以来，建筑能耗规律及预测研究是基于建筑热物理的仿真模型进行的。代表性的模拟软件有美国能源部开发的 Energy Plus、日本的 HASP、中国的 Dest 等，然而基于白箱模型的预测在实际工程中难以实用，仅在设计阶段对能耗规律提供了定性分析工具。

首先，这是因为白箱模型是基于诸多预设条件进行模拟的，影响建筑冷热负荷的有围护结构热工性能和室内外气象参数，围护结构热工性能相对属于静态参数，室外气象参数则采用基于历史数据统计处理的标准气象数据，具有统计学意义，但具体预测近日负荷并不适用；其次，建筑投入运行后运行参数、运行模式大多无法预设，而且随机多变，直接导致与模型预设参数偏离、模拟结果产生偏差。

图 3-4 展示了一个办公建筑实例，分析了白箱模型的局限性，各参数预设条件与实际情况比较见表 3-1。这里基于 Energy Plus 建模，并分析预设条件与实际的偏离。

表 3-1　白箱模型预设条件与实际的偏离分析表

输入参数	模拟前期预设	实际情况校准
围护结构	参照实际目标建筑	参照实际目标建筑
人员密度	参照设计手册	参照实际竣工图，按照室内装修核定座位数
人员在室规律	参照同类型建筑	根据夏季风机盘管的启停规律反推室内人数变化
照明密度	参照设计手册	参照实际竣工图，统计各区域照明灯具功率
照明开启率	参照同类型建筑	利用照明逐时能耗数据反推照明灯具开启规律
设备密度	参照设计手册	参照实际竣工图和设备台账
设备运行规律	参照同类型建筑	利用设备逐时能耗数据反推电器设备使用规律
空调参数	参照设计手册，空调设备自动选型	参照实际竣工图，空调设备按照厂家样本录入性能曲线
空调运行日程	参照同类型建筑	根据风机盘管的开启规律反推空调系统运行情况
气象参数	典型气象年数据	真实气象年数据

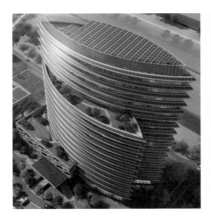 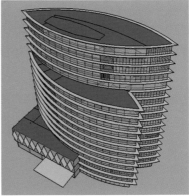

（a）案例建筑物

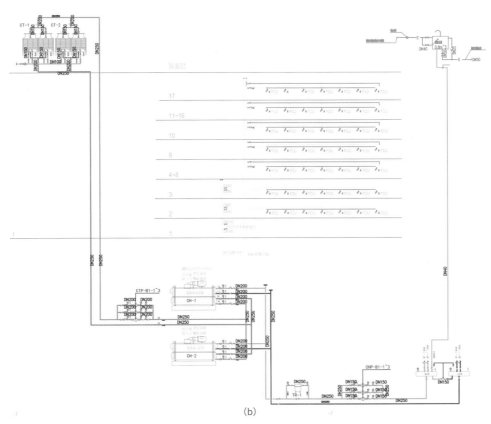

（b）

图 3-4　案例建筑的概要

如表 3-1 所示，按照传统建模过程，在实际工程实施前无法获取真实运行条件（包括静态的设备功率密度和动态的运行日程），模拟前期预设的照明功率密度、电器设备功率密度和室内办公人员密度，参照的是相关设计规范手册，本例参照《实用供暖空调设计手册》（第二版）[30]。但事实上，在实际工程竣工后应存有完整的竣工图纸和设备台账，可据此统计建筑各区域的照明功率密度、电器设备功率密度，并依据装修的工位数统计办公人员密度，实际统计结果和前期预设条件的对比如图 3-5 所示。其中，冷水机组的功率密度指的是机组额定电功率与建筑面积之比，分别为预设条件计算负荷选择的机组功率和实际安装的机组功率。可以看出，预设的照明设备、电器设备、办公人员和冷水机组的功率密度均远大于实际情况。需要说明的是，设计手册提供的照明功率密度参考值是按照白炽灯考虑的，而该办公楼采用了 LED 灯具，在满足同等照度条件下功率密度大幅降低，具有良好的节能效果。

同时，预设运行日程也与实际情况相差甚远，如图 3-6 所示。

由此可得建筑在各预设场景下总能耗和各分项能耗的模拟结果和实测结果对比，如图 3-7 所示。可见白箱模型的预设参数的准确与否是影响模拟结果精度极为关键的要素，但这些在设计阶段难以具体确定，导致白箱模型结果偏离实际。本案例通过实际完成的工程案例对预设参数（静态）的影响给出了定量对比分析。图 3-8 展示了不同预设情形下建筑逐时总能耗结果的偏离（分别展示了一周、一日的结果），图 3-9 展示了不同预设条案下建筑分项电耗强度指标结果的偏离。

①从总能耗来看，经过调研投入运行后的实际条件（运行场景下）的模拟结果与实测值最接近，且远优于设计阶段预设条件（设计场景）和验收阶段获取的条件（验收场景）的模拟结果。②在三种模拟预设场景对比中，分项能耗中空调分项的模拟结果与实测值均较为接近。③通过调整验收场景和运行场景对模型条件，照明分项能耗的模拟结果比其在设计场景下明显降低，但仍高于实测照明电耗。这是因为实际照明先采取了节能控制模式。

3.3　数据驱动模型的应用与局限

公共建筑空调负荷预测及能耗预测一直以来以白箱模型为主。但如前所述，白箱模型由于无法事前获取建筑运行条件导致预测精度的局限，无法满足指导实际运行的需求。

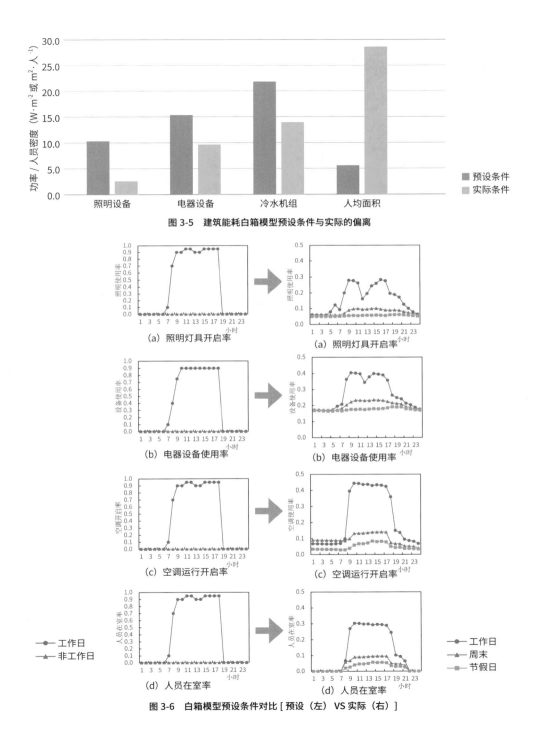

图 3-5　建筑能耗白箱模型预设条件与实际的偏离

图 3-6　白箱模型预设条件对比 [预设（左）VS 实际（右）]

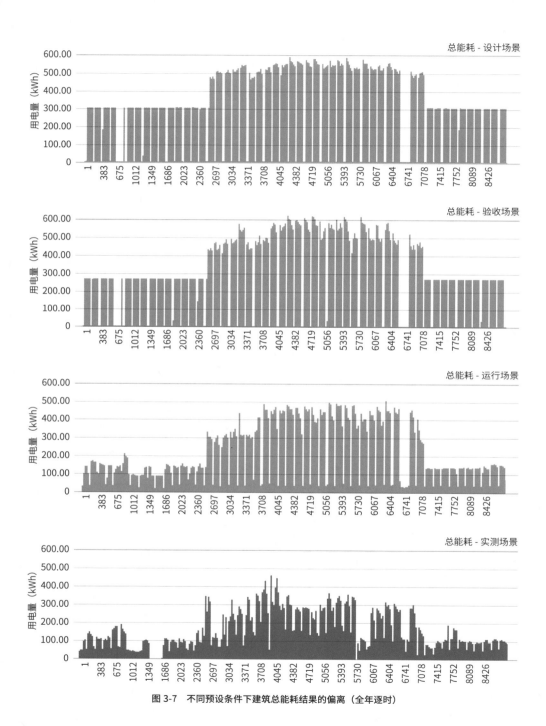

图 3-7　不同预设条件下建筑总能耗结果的偏离（全年逐时）

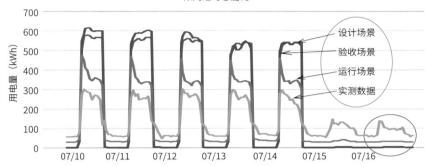

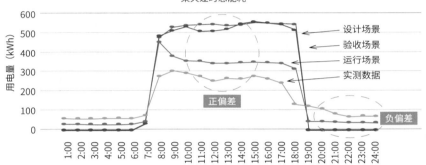

图 3-8　不同预设情形下建筑总能耗结果的偏离（逐日、逐时）

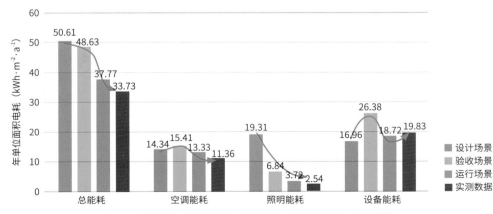

图 3-9　白箱模型不同预设条案下建筑分项电耗结果的偏离（强度指标）

建筑运营智慧化的需求与物联网（IoT）技术大发展促进了包括建筑在内各领域海量数据、甚至大数据的爆发式发展。人们对数据价值的追求、对数据技术的期待，带来了思维的创新（数据驱动）和新体验的机会（机器智能 - 人工智能 - 智慧化）。

传统回归分析的特点和方法如图 3-10 所示，基础是有限样本，重点是评价与因果分析。

大数据时代的新概念和新方法如图 3-11 所示，基础是全量数据，特征是机器学习，价值是动态预测。

处理能力方面从过去结构化局限转向非结构化拓展。

面向大数据背景、数据挖掘技术主要来自四个领域：统计分析、机器学习、神经网络和数据库。

机器学习方法主要包括：归纳学习方法（决策树、规则归纳等）、基于范例的推理 CBR、遗传算法、贝叶斯信念网络等。

建立数据驱动模型是数据挖掘的核心阶段，其过程如图 3-12 所示。

首先，要和相关领域的专家组成团队，明确数据挖掘项目的目的和具体的数据挖掘任务。需要扎实的对问题及目的的理解（商业理解），也需要对数据的深刻理解。

其次，根据数据挖掘任务，选择相关算法。用不同算法建立不同数据模型，再用专业的模型评估工具比较模型的准确度。

即使是同一种算法，当参数选取不同时，所建模型的准确度也不一样。

最后是模型评估。用模型评估工具对模型进行评估，认识发现模式的实际意义。

若模型中的模式没有用，必须要重新进行数据清洗和转换、建立模型。

数据挖掘是一个循环的过程，要通过反复的循环发现合理的模型。

图 3-13 是航空客运业务的数据挖掘应用案例流程。

公共建筑能耗规律是典型的非线性问题，难以用简单的数学模型来描述。常见的预测方法有单耗法、趋势外推法、弹性系数法、回归分析法、时间序列法、灰色模型法、专家系统法以及优选组合预测法等，这些均为常规的预测方法，只能建立负荷与影响因素之间的线性关系。随着非线性科学和人工智能的发展和完善，具有强非线性和泛化能力的机器学习算法得到广泛应用。

1. 数据驱动模型方法在建筑能耗数据分析中的应用

数据驱动模型建立在现代机器学习算法技术上。对建筑空调能耗预测应用模型分类

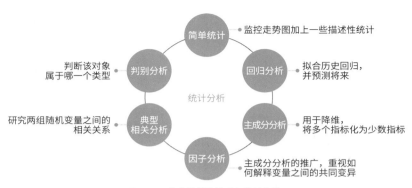

图 3-10　传统的统计模型与分析方法

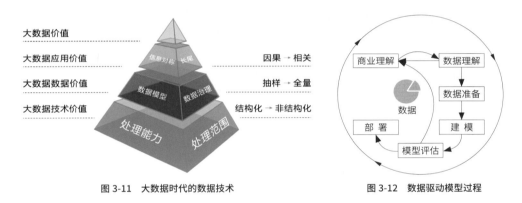

图 3-11　大数据时代的数据技术

图 3-12　数据驱动模型过程

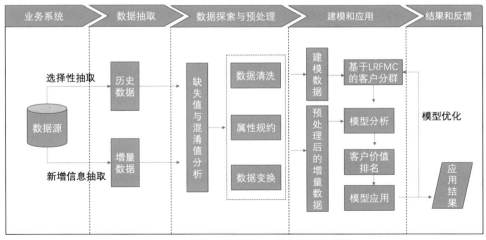

图 3-13　大数据时代的数据挖掘技术应用案例 [31]

归纳如图 3-14 所示。进而，对近年的文献调研结果，在建筑能耗数的具体应用状况归纳如表 3-2、表 3-3 所示。

表 3-2　建筑能耗预测常用的模型方法

建筑能耗预测模型		优点	缺点
物理模型	度日法 温频法 多区域法（以 E+、DOE-2、eQUEST、TRNSYS、DEST 等为代表）	①实施简便、计算速度快 ②可分析建筑热特性及其机电系统性能	①模型精度相对其他较低 ②建模较为复杂、需输入十分详细的参数
基于统计的模型	回归	①模型复杂程度一般、实施简便	①对非线性系统需要人为确定一些模型参数，精度较差
	人工神经网络	①非线性处理能力强 ②较强的容错力	①需人为设置拓扑结构和大量参数 ②结果的解释性不强 ③存在过拟合和极值
	支持向量机	①可解决小样本的非线性问题 ②泛化能力强 ③有自适应结构 ④全局最优解，无极值	①对缺失数据敏感 ②核函数的选择影响大 ③计算复杂度取决于支持向量数目
	遗传算法	①强大的优化算法 ②可处理线性非线性问题	①需知道系统表征函数 ②应用受到参数选择和函数类型的限制
	决策树	①易于理解 ②对预处理要求不高 ③有明确逻辑表达式 ④ 可处理数据和分类 ⑤计算快捷	①信息增益易被多数值的属性误导 ②对噪声数据敏感 ③过拟合 ④ 忽略属性间关联性
	随机森林	①不易过拟合 ②可处理高纬度数据	①噪声较大时会过拟合 ②对于取值划分较多的属性权重不可信
	聚类 （K-means、FCM 等）	①可基于距离、密度、目标函数等来判断 ②可考虑不同参数 ③可用于模式识别 ④目标明确	①无监督算法 ②尚无统一评估指标 ③由经验获取类别数目
	关联规则 （Apriori 算法等）	①可处理布尔型和数值型 ②可实现单层、多层关联规则 ③算法简单、易于实现	①会产生大量中间项集 ②数据的离散化合理与否直接影响生成规则 ③需设定最小支持度与最小信赖度 ④ 算法适用面窄
	朴素贝叶斯算法	①数学解释性强 ②对缺失数据不敏感 ③无迭代求解，适用于大数据集	①需假设属性之间独立 ②需事先知道先验概率 ③分类结果有错误率
	K 最近邻	①简单有效 ②适用于在分类时有交叉和重叠的样本 ③可分类，可回归	①懒散学习，计算较慢 ②计算量大 ③人工选取的 k 值对结果影响大

表 3-3 数据驱动模型在建筑能耗领域的应用

		应用情况			应用情况
模型类别	ANN	47%	预测参数 时间粒度	小于 1 小时的能耗	12%
	SVM	25%		逐时能耗	57%
	DT	4%		逐日能耗	15%
	MLR、ARIMA、OSL 等	24%		逐月能耗	4%
				年度能耗	12%
预测参数	整体能耗	47%	样本量	小于 1 个月	9%
	供冷能耗	31%		1 个月 - 1 年	56%
	供热能耗	20%		大于 1 年	31%
	照明能耗	2%			

从文献中可看出，机器学习算法已经应用在建筑能耗预测领域，主要算法集中在神经网络、支持向量机、决策树、随机森林算法等，能耗种类覆盖建筑总能耗、供冷供热能耗、空调和照明分等项目能耗，预测时间颗粒度以逐时为主流，也涵盖逐日、逐月。

2. 数据驱动模型在建筑能耗预测中的应用与局限

数据驱动模型广泛应用于不同领域，为机器学习算法提供了有力支撑（图 3-14）。

不同领域的问题识别算法的适配是决定模型准确和质量的基础。

不同领域的模型特点如表 3-4 所列。

表 3-4 机器学习算法在分类建筑中的应用

办公类建筑		
	数据驱动模型	预测参数
神经网络	RBF（PCA 优化参数，剔除冗余）	日总电耗
	RBF（PSO 优化参数，参数寻优）	日总电耗
	BPNN（LM 优化，提高收敛速度）	日总电耗
	BPNN	日总电耗
	Adaptive ANN（根据输入变动进行实时调整）	日总电耗
支持向量机	SVM（PSO 优化参数，剔除冗余）	月总电耗
	GM-LSSVM（灰色建模计算简单、最小二乘法支持向量机非线性拟合和泛化能力强）	日总电耗
	WLSSVM（KPCA+CPSO-SA 优化）（KPCA 特征提取、CPSO-SA 参数优化）	日总电耗
	并行 SVM	逐时总电耗
	BPNN/RBFNN/GRNN/SVM（SVM 和 GRNN 比 BPNN 和 RBFNN 具有更高的精确度和泛化能力）	逐时冷负荷
其他	LM、Gp、MAS、BMS、RF 和 SVM（自助多元自适应回归样条法、多元自适应回归样条法和随机森林法适于建筑取暖能耗；自助多元自适应回归样条法适于制冷能耗）	单位建筑面积年取暖和制冷能耗

商场类建筑	
数据驱动模型	预测参数
时间序列分析 （物理原理处理）	月电耗和月气耗
模糊线性回归法	年电耗
ANN（Modal Trimming Method 优化，确定模型参数）	时制冷能耗
MLP	逐时冷负荷

酒店类建筑	
数据驱动模型	预测参数
GA-HANFIS	日总电耗
ANN	逐时制冷能耗
ANN 和 RF （均有良好预测能力）	逐时暖通空调能耗
MLP	逐时冷负荷

学校类建筑	
数据驱动模型	预测参数
ANN（GA 优化 ANN 权值和阈值、LM 优化收敛速度）	日总电耗
RBF（GM 优化）	月电耗
ANN	日电耗
前馈式 ANN	逐时电耗
虚拟动态过渡模型	逐时电耗
SVR（DE 优化）	半小时 / 日电耗

建筑领域的数据驱动模型建模及应用问题如图 3-15 所示，展示了建筑能耗预测的数据驱动模型方法框架、建模过程的重要环节及相互关系。

数据驱动模型建模的要点如下。

（1）算法（模型）适配问题：根据目的、对象、问题的特质选择适合的算法，避免盲目套用，确保方向路线的正确。

首先明确模型的应用目标是指导建筑空调及其他机电系统的运行优化，提升能效。

因此，需要依托运行历史数据建立逐时能耗预测模型，把握能耗发展趋势，判断用能合理性，采取相应的优化策略和调节执行。

（2）训练集数据合理问题：对作为训练学习对象的数据（训练集），需要找到适合建模的数据，并充理解数据背后的逻辑；需要对训练数据做仔细的前处理，这是决定模型质量的关键环节。

具体针对的对象可能是建筑总能耗（建筑能效管理需求）、机电系统分项能耗（系统提效需求）、分区能耗（部门能效管理需求）。对此，需要对入手的数据进行清洗、拆分和汇总整理，因为现实工程中难有理想而明晰的分类、分项或分区能耗数据。

（3）模型特征变量及超参数优化问题：模型基于历史数据的学习，但特征参数的提取及超参数的调整是确保模型质量的关键。

特征工程直接关系模型的优劣，特征工程应做到位，超参数调整的作用有限。

3.4　数据驱动模型建模方法与实践

基于建筑能耗实测数据和机器学习算法的数据驱动模型构建，有其自身的规范过程和环节（图 3-16）。首先最重要的是识别清楚拟解决的问题、掌握数据的类型以及数据背后的逻辑。图 3-17 呈现了数据挖掘的各环节的含义。

1. 目的与问题的识别

本书聚焦公共建筑能耗预测模型。能耗预测模型的应用在本书 1.3.4 节已经介绍。

不同的模型应用目的对应着不同的数据类别，而不同类别的数据与模型算法也存在一定的匹配度关系。

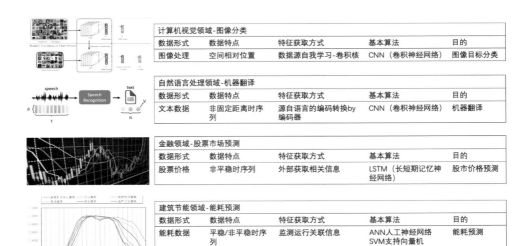

计算机视觉领域-图像分类				
数据形式	数据特点	特征获取方式	基本算法	目的
图像处理	空间相对位置	数据源自我学习-卷积核	CNN（卷积神经网络）	图像目标分类

自然语言处理领域-机器翻译				
数据形式	数据特点	特征获取方式	基本算法	目的
文本数据	非固定距离时序列	源自语言的编码转换by编码器	CNN（卷积神经网络）	机器翻译

金融领域-股票市场预测				
数据形式	数据特点	特征获取方式	基本算法	目的
股票价格	非平稳时序列	外部获取相关信息	LSTM（长短期记忆神经网络）	股市价格预测

建筑节能领域-能耗预测				
数据形式	数据特点	特征获取方式	基本算法	目的
能耗数据	平稳/非平稳时序列	监测运行关联信息	ANN人工神经网络 SVM支持向量机 RF随机森林	能耗预测

图 3-14　数据驱动模型的应用

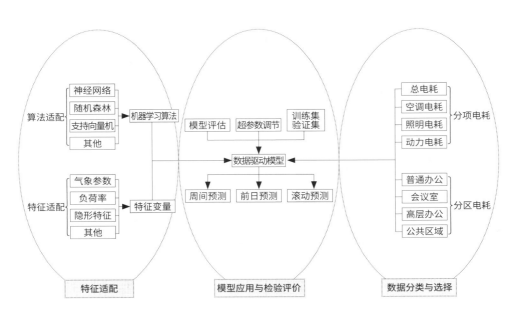

图 3-15　建筑能耗预测数据驱动模型关键环节

2. 建模数据的预处理

数据采集：首先需要认识拟用于建模的数据类型、性质。不同行业领域的数据，其背后存在不同的内在逻辑和特征。对于公共建筑能耗，总能耗、分项能耗、分类分户能耗等各自具有特征规律，这里对象数据均为时序列数据（逐时），但分类不同则特征各异。

（1）建筑总能耗：与建筑类型、用途相关，其分项能耗构成、运行时间规律都将影响总能耗的变化规律。

（2）分项能耗：空调、照明、设备、特殊设备各自具有不同的季节性、周期性等特性。

（3）分区（户）能耗：因各功能（业务）分区不同，各自呈现不同的运行规律。

一般分项计量模型中将建筑总用电划分为照明插座用电等四大分项，以能源管理需求为导向可划分为基础功能服务用电与分区业务功能服务用电。与传统的能耗分项相比，这种按功能分区划的分类或分户能耗有利于对接业务功能服务需求，与运维及能源管理需求相适应。

以酒店为例，酒店空调多为风机盘管 + 新风系统，风机盘管往往与照明、插座等混合计量。客房用电（包括空调末端）与客人的行为活动息息相关。因此，在构建数据模型时需要明确这些功能、业务逻辑关系，方能确保模型的大方向正确。

数据挖掘，虽然已有诸多算法和工具，但最重要的是要理解数据本质，数据可视化是认识数据的基本方法。第 2 章已介绍了建筑能耗的画像。图示化数据可以清晰地展现数据的特征，包括数据的形态、异常值、随时间变化情况以及变量间的相互关系。这些在构建预测模型时应深入分析和取舍。

图 3-18 展示了不同类型建筑的能耗变化特征，图 3-19 展示了酒店建筑不同分项能耗去全年逐时分布状态（热力图）。

数据清洗，建模的数据清洗一般指剔除异常数据，补缺信息，确保数据质量。

本书聚焦数据的挖掘，以质量保障的数据为前提而论建模，所以这里讨论的"数据清洗"并非指异常数据的清洗，而是指从逻辑关系上清除不适于模型目标的所谓"脏"数据。

对于任何数据分析而言，其首要任务是感性把握数据整体特征，数据可视化是简单而基本的方法。图示化数据可以清晰地展现数据的特征，包括数据的形态、异常值、随时间变化情况以及变量间的相互关系。在预测时应尽可能地将图中显示的特征纳入考虑。

日观测数据可能具有周季节性（frequency=7）或者具有年度季节性（frequency=365.25）。类似地，一个每分钟观测一次的数据可能具有时季节性（frequency=60），

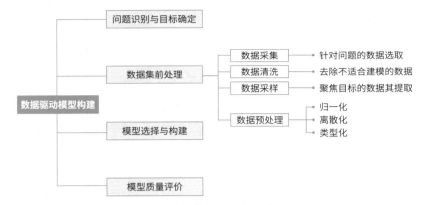

图 3-16　数据驱动建模的过程

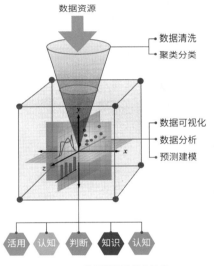

图 3-17　数据挖掘的概念示意

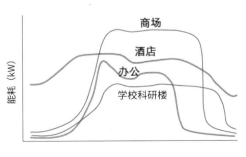

图 3-18　不同类型建筑的能耗规律示意

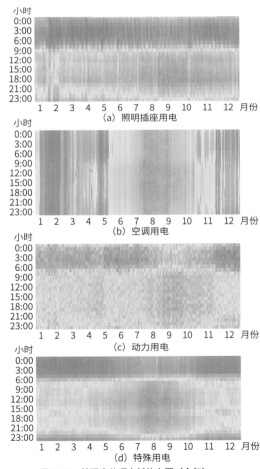

图 3-19　某酒店分项电耗热力图（全年）

可 能 是 日 季 节 性 （frequency=24×60=1440）， 还 可 能 是 周 季 节 性 （frequency=24x60x7=10080），甚至可能具有年度周期性（frequency=24x60x365.25=525960）。在我们处理时间序列之前，确定其频率至关重要。图 3-20 展示了一原数据分解为趋势（模型预测）、季节性变化、误差的叠加。

几个建模中常遇见的关于数据的问题：

（1）训练集数据的长短如何取舍才能确保模型质量？

（2）预测目标查场景不在经验（历史数据）范围内如何确保模型可靠性？

对于（1）列出的问题，据既有研究文献调研，多数训练集数长度取跨月到年度范围（图 3-21）。数据驱动模型一般常用于系统运行的优化目的，以近日预测为主，预测未来数小时或数日趋势，一般来说距预测日越近则预测结果越稳定，训练集长度越长则模型计算负荷越重。所以取出的训练集数据多为预测日前一周或数周范围内的历史数据。

训练集数据取多长合理、合适？尚没有统一明确的标准，取决于模型构建者的经验，但应该有一些判别和选取规则。

图 3-22 展示了不同长度的训练集数据与模型结果精度的结果，可见并非训练集数据取得越长或越短就好。

由于空调能耗具有鲜明的季节、节假日特性，跨季节时预测日前后数据可能处于激变、动荡非稳定状态（图 3-23）。数据驱动模型的优势是惯性滚动预测比较科普，但弱点也正是因为此而在突变条件下容易失灵，如图 3-24 所示。

陈旧数据会因相应数据发生结构变化而失效，因而一般只选择使用较新的数据。然而，一些特殊时段模型基于眼前一段历史数据的学习难以捕捉能耗正确的发展趋势和规律 [图 3-25（a）]。这些特殊激变阶段的数据需要事先判别和合理选取，排除不适合建模的"脏"数据，否则可能模型结果失真甚至失灵 [图 3-25（b）]。

当预测日处于跨季节转折点，训练集数据与测试集数据分属于不同季节工况，这时的训练数据不适合模型，模型会出现偏离实际结果。

用测试集验证不同算法模型的结果发现偏离程度不同，揭示了不同算法的特征：BP 神经网络和支持向量机在任意方向的拓展性相对强一些，而随机森林算法对训练集历史经验学习依赖性强而应对异动能力偏弱。

数据驱动模型的近日预测常选取近期历史数据作为训练集。一般平稳情况下，因近期历史数据的时序列的惯性特性，预测模型结果还算可靠，但在突然转折期间由于此前

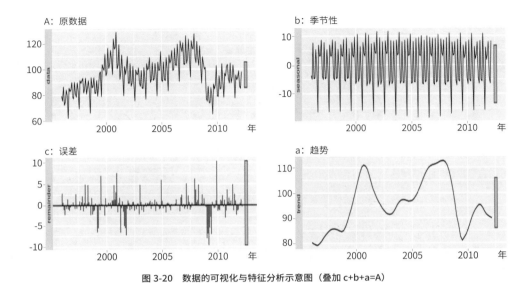

图 3-20 数据的可视化与特征分析示意图（叠加 c+b+a=A）

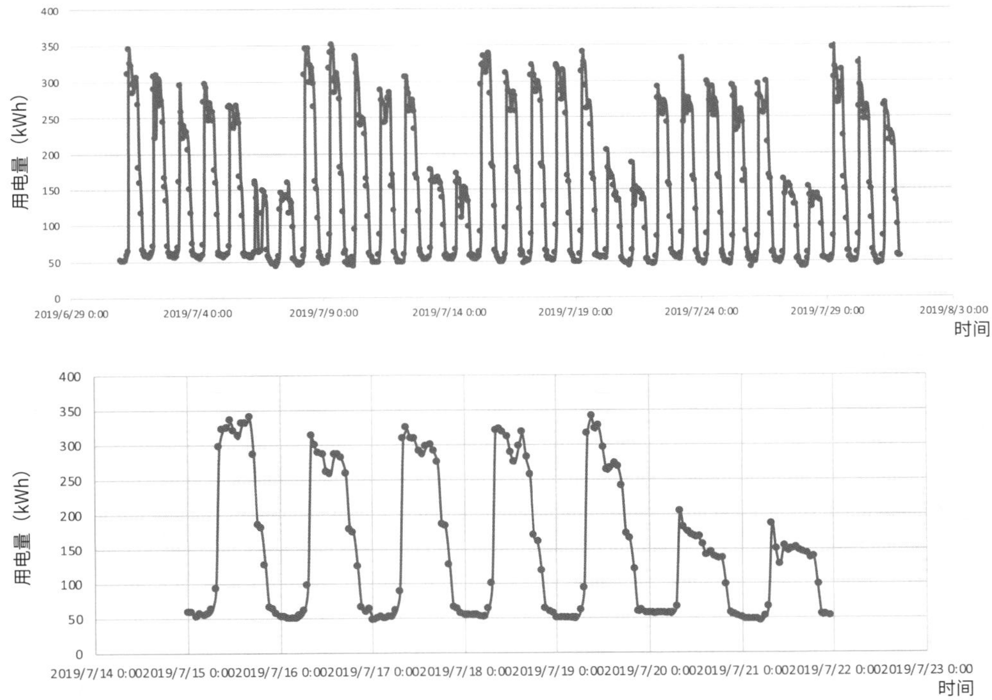

图 3-21 训练集数据

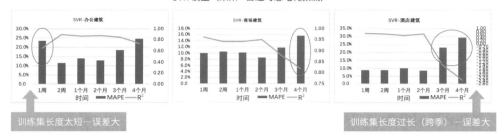

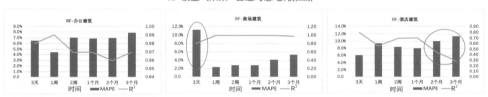

图 3-22　训练集数据长度的选取问题

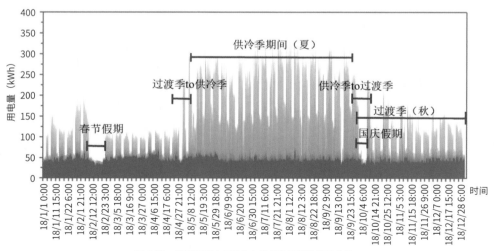

图 3-23　空调能耗全年分布与数据的季节性特征分析

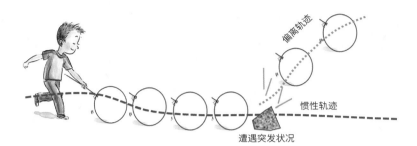

图 3-24 惯性轨迹的偏离场景

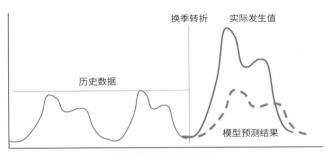

(a) 转折期数据问题图示

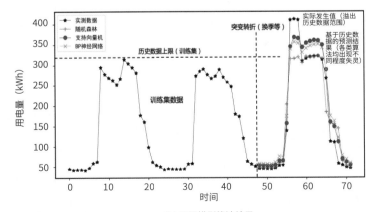

(b) 不同模型算法结果

图 3-25 跨季节数据与模型结果分析

历史数据（训练集数据）反映的情形（工况）与拟预测时间区间的工况属不同类特征工况而导致预测结果大概率出现失灵。因此需要通过对比数据仔细判别；当确认预测日前后分属于不同类工况时，需要放弃例行的训练集数据而在历史其他范围（例如跨年度）内寻找合适的经验数据，选取标准为或工况相同（例如同属空调工况）、或条件相近（例如室外温度、运行模式或规律等），以此作为替代的训练集数据进行模型学习和预测。当然，这只是特殊情况下的特殊对应方法，一旦这种转状态结束即可恢复正常的模型模式。

跨季节或节假日前后的工况识别、训练集数据评价和优选是确保数据驱动模型的基础。对训练集数据的考察我们引入 MAPE（预测决定误差百分比）和 LOF（数据集离散度）两个指标，展开全年能耗数据考察，可获取训练集数据的一些特征，如图 3-26 所示，过渡季转折和节假日转折时期的 MAPE、LOF 偏大，而在经过转折点以及供冷空调工况正常运行期间内，MAPE、LOF 都呈现较小且相对稳定特征。这些特征为选取训练集数据时提供识别和判断参考。

为此，图 3-27 给出了筛选和优化训练集的流程框架。即：事先把握拟预测日的场景条件（尽可能获取相关预测因子），然后在过去的历史数据中进行搜索、聚类、筛选。以确保模型的输入数据的合理和优化。

如表 3-5 所示，基于拟预测日的预测因子多历史数据进行搜索、聚类筛选后，模型质量显著提升，特别是在春转夏的过渡季节，模型精度提升了 14.5%。满足误差（MAPE 指标）小于 15% 的保证率从 66% 上升至 80%。

表3-5 采用搜索优化的训练集的模型结果比较

保证率 （MAPE15% 以内）	搜索方法	前向方法	搜索方法效果 保障率提升
过渡季（春）	80.6%	66.1%	14.5%
夏季	100%	100%	—
过渡季（秋）	88.5%	83.6%	4.9%

图 3-28 是基于案例的验证结果，可以看出春季转夏季期间运行工况多变，模型容易失灵，空调负荷率变化趋势是从低向高，模型学习结果跟不上（惯性作用，能耗结果小于真值），夏季转秋季期间相反。对训练集数据筛选优化后模型精度显著提升。

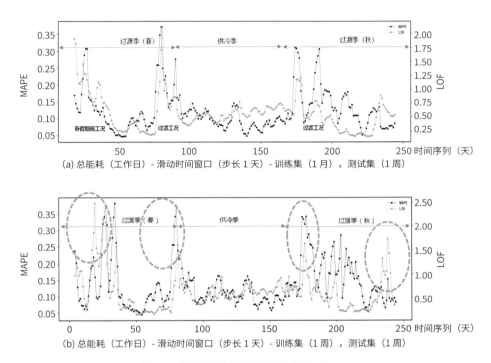

（a）总能耗（工作日）- 滑动时间窗口（步长 1 天）- 训练集（1 月），测试集（1 周）

（b）总能耗（工作日）- 滑动时间窗口（步长 1 天）- 训练集（1 周），测试集（1 周）

图 3-26　跨季节训练集数据的问题与误差检验

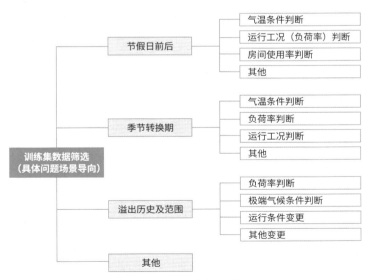

图 3-27　训练集的筛选与优化框架

3. 模型构建

数据驱动模型最关键的环节是特征工程构建。提取反映预测量（目标）的历史数据（预测变量）的特征（预测因子），可有效提升预测模型的精度和可靠性。

前文介绍了建模数据的前处理中的初级清洗，排除不适合作为训练集的"脏"数据过程。本节进一步介绍结合建模特征工程对训练集样本进行的操作。

明确预测目标后需要对建模所需的训练样本数据进一步提炼、选用。

1）训练样本选取

根据预测目标（总能耗、分项能耗、分区能耗等）选出相应的训练数据样本集。

根据预测量的逻辑关系分析并明确其时域、频域特征。建筑能耗具有比较显性的季节性（采暖季、过渡季）、日类型（工作/非工作日）、周期性（日、月、年周期）特征。需要仔细分析，然后在所掌控的数据样本、周边关联信息范围内筛选出建模训练样本集。样本数据筛选在历史纵向层面的挖掘和筛选见前文讨论，横向也需拓宽，目标是提炼出特征。

数据的可视化：借助训练样本集数据可视化，可以帮助理解数据的一些基本特征，有利于确保建模的正确方向。例如，它们有一致的模式吗？有明显的长期趋势吗？季节性重要吗？是否有证据表明存在商业周期？数据中是否包含需要专业知识解释的异常值？用于分析的变量之间的相关性有多强？目前已经存在诸多工具可帮助进行这种分析。最佳模型的选择取决于历史数据的可用性、预测变量与各解释变量之间的相关性，以及预测的使用方式。

常用方法有绘制预测变量的散点图矩阵（图 3-29）。相关系数在图的右上方显示，散点图在左下方显示，对角线上是密度曲线。

关于能耗预测，其目的一般是可以明确的，或是建筑能源需求管理的总能耗趋势预测，或是机电系统运行优化目标的分项能耗合理用能诊断、用能趋势预测，或是基于部门以定额管理为导向的分区分户能耗规律分析等。最重要的问题是现实中获取的样本数据是否清晰指向了这些预测目标？现实中基于机电系统的分项能耗混杂、基于功能、业务的能耗类别梳理尚未健全，厘清这些能耗数据的类别需要花费大量精力。图 3-30 展示了常见的数据状态及聚类拆分方法。

本书第 2 章中关于能耗画像的讨论已经提及了这个问题。在无法简单分离能耗类别的情况下需要借助机器学习算法进行分类识别（图 3-31）。

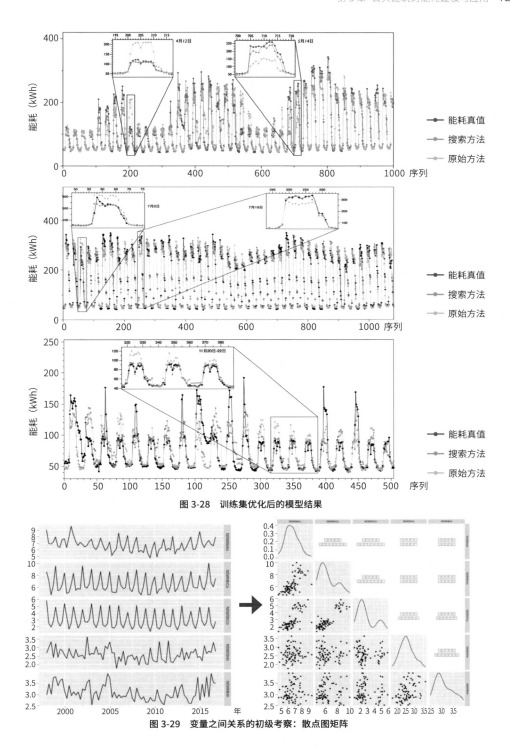

图 3-28　训练集优化后的模型结果

图 3-29　变量之间关系的初级考察：散点图矩阵

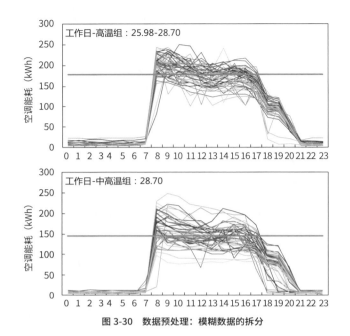

图 3-30 数据预处理：模糊数据的拆分

两步模糊聚类（FCM）的作用

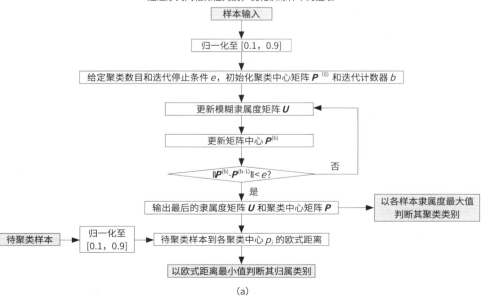

(a)

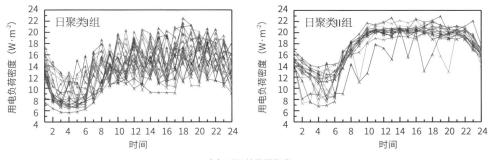

（a）对原始数据聚类

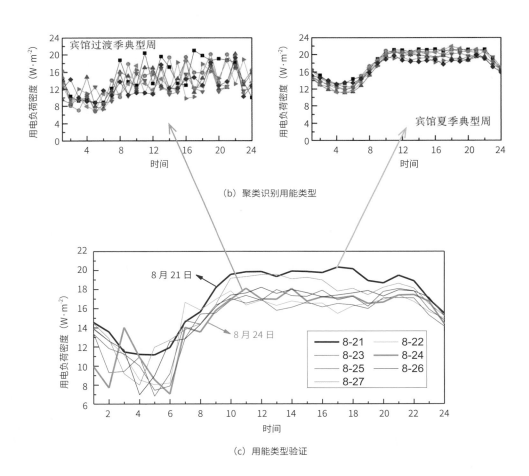

（b）聚类识别用能类型

（c）用能类型验证

图 3-31　样本数据的聚类、分类处理

机器学习算法可以有助于样本数据的聚类、分类，提取特征、构建特征工程。

通过聚类、分类算法（例如模糊聚类 FCM）可将看上去比较零乱无序、混杂了不同属性的能耗数据，分解成具有不同特征的数据集，实际上这是工作日、非工作日的属性特征，可以明确区分出不同属性的数据集。

2）特征工程

机器学习算法对历史数据进行学习，可提炼出其规律并预测趋势和结果。

特征工程是机器学习，甚至是深度学习中最为重要的一部分，往往是打开数据密码的钥匙。

"数据决定了机器学习的上限，而算法只是尽可能逼近这个上限"，这里的数据指的就是经过特征工程得到的数据。特征工程指的是把原始数据转变为模型的训练数据、特征数据的过程，它的目的就是获取更好的训练数据特征和特征向量，使得机器学习模型逼近其上限。主要包括特征理解、增强、构建、转换、提取、特征选择等部分。特征工程的流程如图 3-32 所示。

特征工程是数据科学中最有创造力的一部分。而这部分因为往往和具体的案例数据相结合，同时需要机器学习理论之外的应用领域的扎实理论和专业基础作为支撑，所以一般教科书上仅停留在数据的归一化（图 3-33）、降维等部分，而避开了一些很核心的特征工程技巧。特征工程就是通过 X，创造新的 X'。基本的操作包括衍生（升维）、筛选（降维）。这是建模中最核心的部分，需要非常专业的专家知识。

本书讨论的特征构建是指从建筑能耗原始数据中人工找出一些具有物理意义的特征。需要对能耗数据的洞察力和敏感性，需要基于建筑设备专业知识思考能耗问题的潜在形式和数据结构。当然，还需要机器学习实战经验。

（1）特征构建：属性分割和结合是特征构建时常使用的方法。可将获取的结构性表格特征的建筑能耗数据组合成数个不同属性构造新的特征。如果存在时间相关属性，例如空调分项能耗数据，可以划出不同的时间窗口，得到同一属性在不同时间下的特征值，把一个属性分解或切分，例如将空调能耗数据中的日期字段按照空调季 / 过渡季、空调时段（昼间）/ 非空调时段（夜间）、工作日 / 休日来构建特征。

（2）特征提取：对原始数据的主成分进行提取，对变量的相关性进行分析。主要方法有主成分分析法（Principal Component Analysis，PCA）、线性判别分析法（Linear Discriminant Analysis，LDA）、独立成分分析法（Independent Component Analysis，ICA）等。

PCA 特征转换降维，提取的是不相关的部分（图 3-34）；ICA 独立成分分析，获

特征理解
·分项 / 分区 / 分户能耗（功能、目标）
·运行规律（季节、昼夜、节假日规律）

特征增强
·贴标签
·日类型、时段类型等

特征构建
·外部因子关联、时序列数据内提取

特征转换
·正弦余弦转换、小波分解
标准化、二值化、归一化

特征学习
·因子筛选
·过滤排序、模型筛选

图 3-32　特征工程的流程

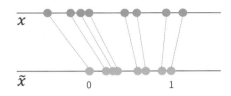

$$\tilde{x} = \frac{x - \min(x)}{\max(x) - \min(x)}$$

MIN-MAX SVALING

图 3-33　数据的归一化 / 标准化

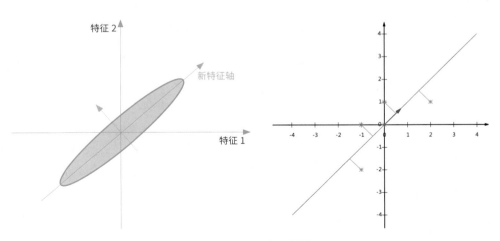

图 3-34　主成分分析法：降维处理

得的是相互独立的属性。ICA 算法本质是寻找一个线性变换 z = Wx，使得 z 的各个特征分量之间的独立性最大。ICA 相比于 PCA 更能刻画变量的随机统计特性，且能抑制噪声。

这里解说几个基本概念。

特征：特征是对机器学习算法有意义的属性，对应表格数据，一列就是一个特征。

响应（标签）：响应也是一种属性，但是这个属性我们有可能进行预测。

监督学习：利用有标签的数据，通过机器学习方法进行预测或者分类的学习过程。

无监督学习：利用无标签数据，通过机器学习算法进行预测或者分类的学习过程。

（3）特征选择或处理

特征清洗：剔除不适合建模的特征量。

特征预处理：在一组输入特征在比例上差异很大的情况下，输入特征的极大变化会导致模型训练算法的数值稳定性问题，在这些情况下，需要标准化、归一化处理。

特征选择：删除非有用的特征，以降低最终模型的复杂性。

对于初步明确的特征数组，需要进一步筛选（降维），即优选显著特征。

特征选择技术分为三类：过滤法（Filtering Methods）、封装法（Wrapper methods）、嵌入式方法（Embedded Methods）。

① 过滤法（Filtering）仅单纯考量单个特征与模型结果的相关性，预处理可以删除那些不太可能对模型有用的特征。过滤比下面的包装封装技术简易，但并非涵盖全体特征对模型结果的影响，仅能作为预过滤，应留意避免在进行模型训练步骤之前无意中消除有用的特征。

② 封装法（Wrapper Methods）：封装式特征选择是利用学习算法的性能评价特征子集的优劣。因此，对于一个待评价的特征子集，封装法需要训练一个分类器，根据分类器的性能对该特征子集进行评价。封装法中用以评价特征的学习算法是多种多样的，例如决策树、神经网络、贝叶斯分类器、近邻法、支持向量机等。优点：相对于过滤法，封装法找到的特征子集分类性能通常更好。缺点：封装法选出的特征通用性不强，当改变学习算法时，需要针对该学习算法重新进行特征选择；由于每次对子集的评价都要进行分类器的训练和测试，所以算法计算复杂度很高，尤其对于大规模数据集来说，算法的执行时间很长。

③ 嵌入式方法（Embedded Methods）：嵌入式方法执行特征选择作为模型训练过程的一部分。例如，采用决策树专门执行特征选择，因为它在每个训练步骤选择一个

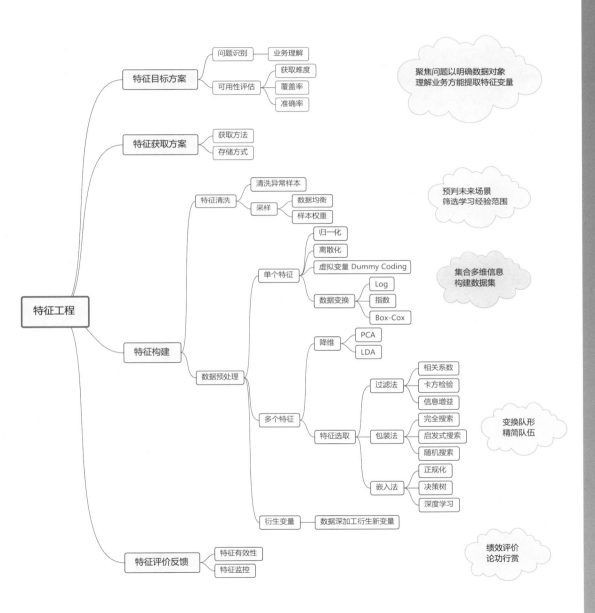

图 3-35 特征工程框架及关键节点

要在其上进行树分裂的特征。它不如封装法那么强大，但也远比封装法简捷。与过滤法相比，嵌入式方法会选择特定于模型的特征。从这个意义上讲，嵌入式方法在计算负荷和结果质量之间取得了平衡。

特征工程框架及关键节点如图 3-35 所示。

本书案例中多采用的皮尔逊系数法属于过滤类的相关系数法，只能衡量线性相关性而互信息系数能够很好地度量各种相关性，得到相关性之后就可以排序选择特征。

（4）特征数据的识别和筛选

实际上，并非所有获取的特征数据都是明晰的，为使模型更可靠、更精确，需要基于专业经验对所获取的历史数据、拟预测的目标场景进行预判分析。

能耗模式的聚类识别是挖掘建筑用能特征的重要手段，也是提高能耗预测精度的关键一环。如前述对建筑各类、各分项、各分区能耗的画像，或基于数据挖掘方法（分类、聚类）可以将历史数据进一步分割、提取。如图 3-36（a）所示，可将逐日的电耗历史数据分离出工作日型、非工作日（节假日）型，将其赋予标签将更能凸显其特征，强化训练学习，有利于提升模型精度。同理，对一日 24 小时的电耗数据按变化过程特征可进一步加以划分缓变时段（通常工作时段区间）、激变时段（启动型、关机型、谷段），分别赋予"时特征"标签 [图 3-36（b）]。

日类型特点与能耗的而关系：识别不同日类型条件下的日用能模式，提炼各类场景下的用能特征历史数据，为有针对性的模型学习提供历史学习数据集；例如对工作日 /休日、节假日工况。

时段与能耗的关系：即使在同类日类型中，不同时间段也存在用能模式的差异，在典型空调运行期间，可将一天 24 小时分为稳定工作时段（缓变型）、开机时段（启动型）、关机时段（关机型）以及午间休息时段（谷段）。

气象条件与建筑能耗相关，特别是空调、采暖季节。可以对不同气温条件对能耗数据聚类识别能耗规律。

这些均可作为预测因子提前预见，据此对历史数据进行聚类筛选，会更有效地提高数据驱动模型学习效率（图 3-37）。

作为数据挖掘的重要领域，聚类分析是指将物理或抽象对象的集合按照某种准则进行划分，从而获得若干相似子集的多元统计分析方法。常见的聚类算法包括基于划分的聚类、基于层次的聚类、基于密度的聚类、基于网格的聚类。其中，基于划分的聚类经

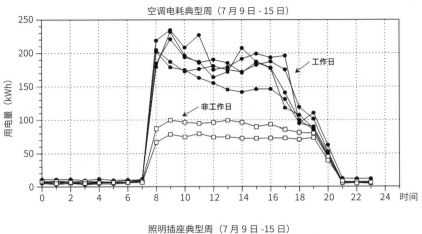

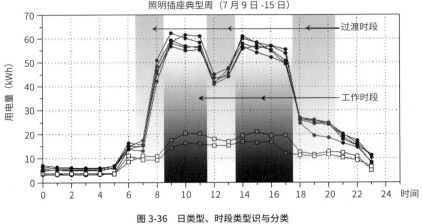

图 3-36　日类型、时段类型识与分类

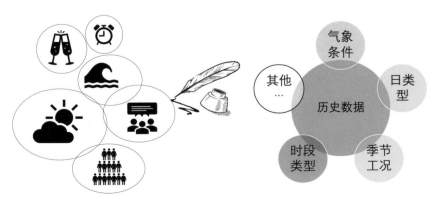

图 3-37　预测因子用于历史数据聚类分析

典算法是 K-Means 聚类，把每个对象分配给距离最近的聚类中心，这里常见的距离度量包括欧氏距离、曼哈顿距离、马氏距离、明氏距离等。然而，这种划分是硬划分，把每个待辨识的对象严格地划分到某类中，具有"非此即彼"的性质，即每种类别划分的界限是分明的。实际上，大多数对象并没有严格的属性，它们在性质和类属方面存在着中介性，具有"亦此亦彼"的性质，因此适合进行软划分。基于此，模糊 C 均值（Fuzzy C-Means，FCM）聚类算法被提出并广泛应用于数据挖掘领域[25]。FCM 聚类不是简单地把某一对象归于某一类，而是通过隶属度的概念反映各个对象属于各类别的程度，具有软划分的性质。FCM 聚类算法流程如图 3-38 所示。

（5）空调用电分项电耗

如前在能耗画像章节已有描述，针对空调分项能耗，基于室外气温分段对历史能耗数据进行聚类、分类考察。利用 FCM 聚类算法的聚类的结果有效区分了工作日与非工作日和室外温度水平高低情形下能耗呈现出来的不同特征。

但建筑中含有分体空调时能耗规律呈现非稳定特征，这是使用上的灵活性造成的（图 3-39）。

（6）时变特征分析

在相似日聚类识别的基础上，进一步聚类的目的是识别组内样本小时电耗变化的分布，其中，相似小时定义为同一日聚类中电耗增长模式相似的小时。

每日的时间序列上，一般的办公建筑夜间时间段能耗处于基础待机的低负荷率、稳定转态，昼间上班时间段机电系统运转，呈现特有的变化规律，也是预测模型关注的重点。时间变量属于循环特征。为了保证时刻之间的关系，需要将时间值转换为正弦（sin）和余弦（cos）的形式。例如，在一天的时刻中，相对于 10 时，0 时距离 23 时更近。但是，按照 0~24 小时的计时方法，0 时距离 5 时更近。为了解决这一问题，可采用正弦和余弦形式转换方式，保留时刻之间真实距离的关系，如图 3-40 所示。

时间转换为定义方法：$\sin(\omega t)$、$\cos(\omega t)$，其中 t 表示时间，可以表示每日中的小时 。

其中 ω 表示时间周期，$\omega = 2\pi/T$，$T=24$，具体实现形式为：

df['time_sin'] = np.sin（2 * np.pi * df['time'] / 24）；

df['time_cos'] = np.cos（2 * np.pi * df['time'] / 24）。

根据建筑能耗种类不同，预测模型的特征因子以及其相关度也不同。首先可大类分

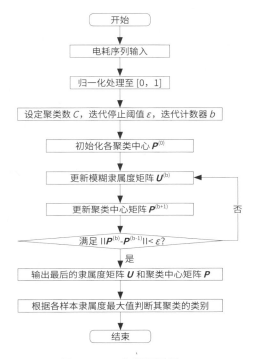

图 3-38　FCM 聚类算法流程

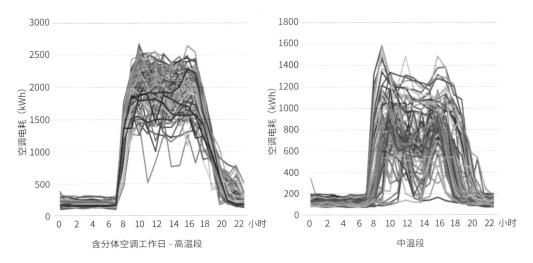

图 3-39　政府办公楼（夏热冬暖地区）空调用电序列聚类结果

为显性和隐性特征因子。如图 3-41 所示，影响预测对象数据的相关因子归为外部特征因子，如室外气温、空调负荷率等，而从预测对象的历史数据中提取的季节性、日类型、时特征标签等，可归为历史数据内部隐含的特征因子。

　　外部特征因子：空调能耗与室外气象参数密切相关。一方面，室外干球温度或相对湿度过高或过低时，建筑室内控制环境与室外自然环境差异较大，通过围护结构传热造成的负荷和室内新风负荷都会增加，空调能耗上升；另一方面，室外环境条件会对空调系统运行效率造成影响，夏季室外干球温度或湿球温度高时，冷却塔冷却效果下降，进入冷水机组的冷却水温度上升，空调系统整体运行效率降低，空调能耗上升。为了系统研究空调能耗与室外各类气象参数的相关性，采用相关系数矩阵，如表 3-6、表 3-7 所示。

表 3-6　空调能耗与室外气象参数的相关系数矩阵

	空调能耗	空气焓值	干球温度	湿球温度	露点温度	相对湿度	风速
空调能耗	1	0.346**	0.520**	0.253**	0.237**	-0.195**	-0.007
空气焓值	0.346**	1	0.659**	0.978**	0.965**	0.451**	-0.016
干球温度	0.520**	0.659**	1	0.493**	0.460**	-0.370**	-0.080**
湿球温度	0.253**	0.978**	0.493**	1	0.994**	0.623**	-0.005
露点温度	0.237**	0.965**	0.460**	0.994**	1	0.647**	-0.005
相对湿度	-0.195**	0.451**	-0.370**	0.623**	0.647**	1	0.070**
风速	-0.007	-0.016	-0.080**	-0.005	-0.005	0.070**	1

**：在 0.01 级别（双尾），相关性显著。

表 3-7　空调能耗与室外气象参数的相关系数矩阵

	空调能耗	风盘开启率	空气焓值	干球温度	相对湿度
空调能耗	1	0.818**	-0.731**	-0.628**	-0.726**
风盘开启率	0.818**	1	-0.0834**	-0.787**	-0.808**
空气焓值	-0.731**	-0.0834**	1	0.865**	0.985**
干球温度	-0.628**	-0.787**	0.865**	1	0.770**
相对湿度	-0.726**	-0.808**	0.985**	0.770**	1

**：在 0.01 级别（双尾），相关性显著。

　　（7）内部因子

　　建筑能耗是建筑内各项设备运行的结果体现，对于一栋稳定运行的建筑，其经营业态和用能习惯都具有一定的规律特性，即建筑能耗具有一定的时序惯性和周期特性。一般情况下，建筑能耗在时间轴上的变化相对平缓，不会产生特别大的跃升或骤减，具有纵向连续性；另一方面，在相同经营业态的条件下，建筑电耗的规律相似，即具有横向相似性。

　　因此，可从机电系统运行的历史数据中提取具有时序和周期特征的数据组成新的特

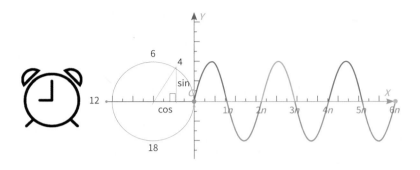

图 3-40　时间特征正弦余弦变换示意

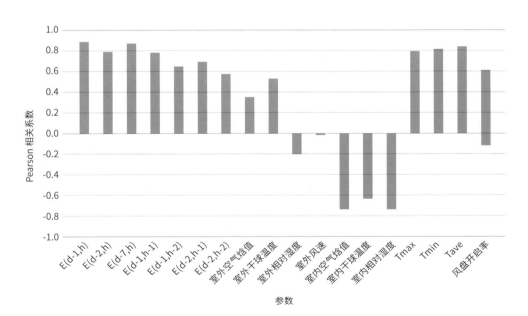

图 3-41　特征向量的筛选（内部、外部特征）

征向量。并对其采用相关系数矩阵研究这些特征向量与拟预测对象的建筑分项、分区电耗的相关性，具体包括同日前一小时电耗 [E(d, h-1)]、同日前两小时电耗 [E(d, h-2)]、前一日同小时电耗 [E(d-1, h)]、前两日同小时电耗 [E(d-1, h-1)]、前七日同小时电耗 [E(d-1, h-2)]、前一日前一小时电耗 [E(d-2, h)]、前一日前两小时电耗 [E(d-2,h-1)]、前两日前一小时电耗 [E(d-2,h-2)]、前两日前两小时电耗 [E(d-7,h)]，如表 3-8 所示。

表 3-8　模型特征因子的分类

特征	隐性	E(d,h-1)、E(d,h-2)、E(d-1,h)、 E(d-1,h-1)、E(d-1,h-2)、E(d-2,h)、E(d-2,h-1)、 E(d-2,h-2)、E(d-7,h)
	显性	Temp_out、Temp_in、Load_rate、Season_type、Day_type、Hour_type

选取的案例研究表明，对于空调用电，与同日前一小时电耗、前一日同小时电耗、前七日同小时电耗为强相关，与同日前两小时电耗、前两日同小时电耗、前一日前一小时电耗、前一日前两小时电耗、前两日前一小时电耗的相关也较强，与前两日前两小时电耗为中等程度相关。

对其他分项电耗同样可实施这样的特征内部因子提取和筛选。

综其结果，建筑的四大分项用电与提取的新特征向量（特定时隔历史电耗）之间均存在显著的正相关性，体现出纵向连续性和横向相似性的特征。按照相关系数大小排布，四大分项用电与同日前一小时电耗均具有最强的相关性，与前两日前两小时电耗均具有最弱的相关性，原因在于同日前一小时距离目标时刻很接近，电耗表现出很强的惯性，而前两日前两小时与目标时刻在日类型和小时类型上均可能存在差异，相关性减弱。

基于 Pearson 相关系数分析室外气象参数、室内环境参数、历史能耗与建筑当前能耗的相关性，发现四大分项能耗均与对应历史能耗的相关性最强，特别是同日前一小时的能耗。对于室外气象参数，空调能耗与室外干球温度的相关性最强，且为正相关，对于室内环境参数，空调能耗与室内空气焓值的相关性最强，且为负相关，另外，空调能耗与末端风盘开启率有很强的相关性。通过相关性分析，为下一步能耗预测模型特征参数的选取提供了依据。

3）模型构建

完成了训练集选取、特征工程提取和筛选后，进入模型构建。

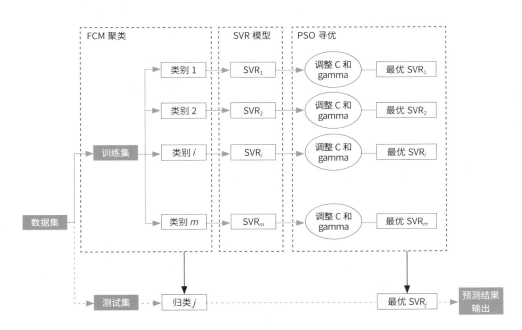

图 3-42 复合支持向量回归（SVR）模型框架

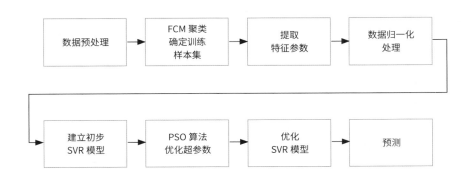

图 3-43 复合支持向量回归模型建模流程

数据驱动模型基于机器学习算法，各类算法具有不同的特点，需要基于模型的目的而选取。本节以复合支持向量回归（SVR）模型为例解说，建模框架如图 3-42 所示。

建筑能耗系统是一个十分复杂的系统，其多变量、强耦合、不确定性的特点决定了采用某种单一模型算法难以实现预测功能，因此，本例给出一种复合支持向量回归模型，在传统支持向量回归模型的基础上，采用 FCM 聚类算法实现训练样本集的构建，并利用粒子群优化（Particle Swarm Optimization，PSO）算法实现支持向量回归模型超参数的寻优，复合 SVR 模型流程如图 3-43 所示。

与传统的支持向量回归模型相比，其优势在于以下两个方面。

第一，使用 FCM 聚类算法对不同能耗波动序列进行了划分，针对待预测样本，构建能耗模式相似的训练样本集，使模型训练更具有针对性，提高了模型的预测精度。

第二，采用 PSO 算法对 SVR 模型内部关键参数（正则化系数 C 值和高斯径向基核函数 gamma 值）进行寻优，保证模型具有较高的预测精度和较强的泛化能力。粒子群优化算法（PSO）流程如图 3-44 所示，PSO 算法超参数优化结果如图 3-45 所示。

用一下案例验证

选取夏热冬暖地区（珠海）某企业自用办公楼案例夏季（9 月）数据，对上述建模方法进行验证。选取 9 月 7 日为待预测对象日（属于工作日类型 - 高温情景），训练数据为同类别的 51 个样本，特征参数为包含历史能耗和室外温度的 10 维特征参数 [E (d-1, h)、E (d-2, h)、E (d-7, h)、E (d-1, h-1)、E (d-1, h-2)、E (d-2, h-1)、E (d-2, h-2)、日平均温度、日最高温度、日最低温度等 10 维特征参数]，将训练数据划分训练集（90%）和验证集（10%）进行交叉验证，优化超参数后获取复合模型结果 [图 3-46 （a）]。作为对照，无聚类预测值的训练样本为 9 月 7 日前两个月的 60 个样本，特征参数同上。同理，选取 9 月 26 日为工作日 - 中高温情景的待预测对象日，训练数据为同类别的 49 个样本，特征参数选取和超参数优化同上，对照组无聚类预测值的训练样本为 9 月 26 日前两个月的 60 的样本 [图 3-46 （b）]。

该案例对全天和工作时间的误差分别统计，如表 3-9、表 3-10 所示。

从模型结果看，对训练集的聚类优化增加了模型精度，结果还显示昼、夜时间段的模型结果差异较大，仅对昼间工作时间（8：00—18：00）段的精度较好，满足精度需求。因此，有必要考虑模型的训练集分割昼 / 夜处理，且一般来说夜间时间段不是预测模型的实际需求。

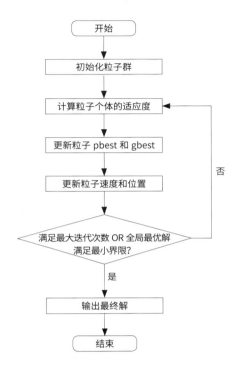

图 3-44 粒子群优化算法（PSO）流程

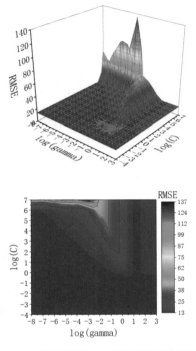

图 3-45 粒子群优化 PSO 算法超参数优化结果

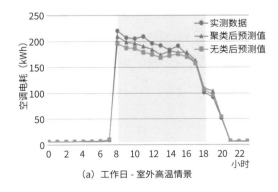

(a) 工作日 - 室外高温情景

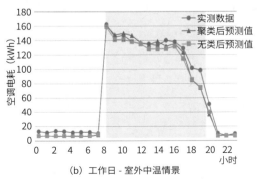

(b) 工作日 - 室外中温情景

图 3-46 复合支持向量机模型结果

表 3-9　空调分项能耗预测结果（全天 24 小时）的误差统计

评价指标	9 月 7 日（工作日 - 高温组）		9 月 26 日（工作日 - 中高温组）	
	聚类后预测	无聚类预测	聚类后预测	无聚类预测
平均相对误差 MRE	22.72%	21.11%	21.68%	21.99%
平均绝对误差 MAE(kWh)	6.06	8.32	6.09	6.58
均方根误差 (kWh)	8.02	12.37	8.15	8.46
判定系数 R^2	0.9953	0.9948	0.9885	0.9921

表 3-10　空调分项能耗预测结果（8：00—18：00）的误差统计

评价指标	9 月 7 日（工作日 - 高温组）		9 月 26 日（工作日 - 中高温组）	
	聚类后预测	无聚类预测	聚类后预测	无聚类预测
平均相对误差 MRE	5.32%	8.13%	4.18%	5.25%
平均绝对误差 MAE(kWh)	9.82	15.80	5.17	6.61
均方根误差 (kWh)	11.06	18.12	6.70	8.24
判定系数 R^2	0.9521	0.9527	0.9144	0.9511

3.5　孪生模型的概念与拓展应用

　　前文介绍了基于建筑物理机理的白箱模型的局限性。也介绍了基于建筑热工参数、机电系统等详细信息建立仿真模型，并预设建筑运行参数进行负荷和能耗预测。然而，由于模型中的预设参数未能真实反映实际建筑运行状态，无法有效解决与实际建筑能耗偏离的现实，导致结果偏差大，由于这类模型虽然机理具有解释性、却难以捕捉建筑实际运行的随机动态特性，制约了模型的实际应用。

　　而随着大数据、物联网技术的发展，发展起来的数据驱动模型，基于机器学习算法能较好应对非线性复杂问题而受到热点关注和积极应用，为动态把握建筑能耗规律，优化运行策略等实际需求所期待。然而数据驱动模型因仅基于历史经验学习，多以黑箱方式获取能耗规律，缺乏对能耗规律背后内在关系的解释性，还因局限于历史经验的学习，对超出历史经验范围场景的预测将会失灵，同样也制约了该模型的应用（图 3-47）。

　　建筑领域能耗问题的多元、非线性使得传统的白箱模型难以适应工程需求，而现代机器学习算法虽然具备应对非线性复杂问题的优势，但在应对建筑运行多变和突变的场景时也同样存在短板，建筑能耗预测模型方法作为提升建筑能效技术的关键支撑正处于重要转折期，面临挑战和机遇。

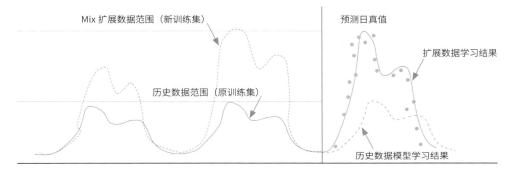

图 3-47　现有模型的瓶颈与需求

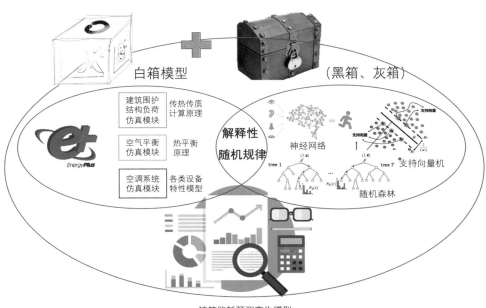

图 3-48　孪生模型的概念

　　笔者提出了一种融合传统的白箱模型、数据驱动黑箱模型的孪生模型方法，综合两种模型的优势，取长补短，实现两模型方法的相互补充和支撑，显著提升了预测模型的适应范围和精度，孪生模型的概念如图 3-48 所示。

　　孪生模型的思路来自作为未来十大科技方向之一的数字孪生的理念，其框架如图 3-49 所示。数字孪生起源于机械制造领域，实现数字技术与精密制造实体的孪生。在城市建设、建筑领域向数据系统与建筑系统的孪生，而这里的模型孪生具有双重孪生的概念：①实现数据驱动模型与建筑用能系统的孪生；②实现数据驱动模型与白箱模型的孪生。

　　孪生模型主要用于应对超出历史经验范围的场景，建模步骤如下（图 3-50）。

　　（1）根据建筑信息、设备系统信息建立基于对象的建筑能耗预测的白箱模型．

　　（2）根据运行能耗数据建立基于对象的建筑能耗预测的数据驱动模型。

　　（3）基于运行能耗数据校准白箱模型，并与黑箱模型呼应起来提炼可互动的预测因子，检验预测因子的敏感性、适应性及模型精度。

　　（4）基于校准后的白箱模型，将预测因子外延扩展，获取全常场景范围的能耗数据，作为黑箱模型历史数据集（训练集）的补充，与历史数据合成为增强训练集。

　　（5）在运行用黑箱模型实施建筑能耗预测前，检测预测因子与历史数据的条件范围，当拟预测日的工况条件超出实际的历史数据的经验范围时，启用包括上述合成的增强训练集数据进行模型的学习和预测。

　　如此，白箱模型与黑箱模型互为补充、校准，且建立动态迭代完善的机制，形成一种成长型的孪生模型方法。

　　另外，也可进一步拓展，与上述孪生模型同步选择预测因子实施对历史能耗数据库及能耗类型库的同时前馈搜索，基于相似运行条件搜索相似度高的能耗模式。二者相互校验后输出能耗预测模型结果。如果进一步结合基于运行目标的优化运行模型，即可进行运行优化实施，实施后的数据返回历史数据库及能耗类型库，使平台获得积累和成长，如图 3-51 所示。

　　图 3-52 展示了孪生模型与孪生数字科技的关系。与其他领域一样，数字孪生是建筑运行智慧化的必经之路。数据驱动的模型与实际建筑的机电系统运行实现数字孪生，而数据模型本身又是内含白箱＋黑箱的双模型孪生，为建筑智慧运行提供了基础支撑。

　　构建建筑运行管理数据应用平台可进一步完善数据的处理功能，自动处理数据的接入，运行能耗数据可视化可更加智能；预存各类算法形成算法库，可供灵活选择不同算

"数字孪生"与"孪生模型"的关系

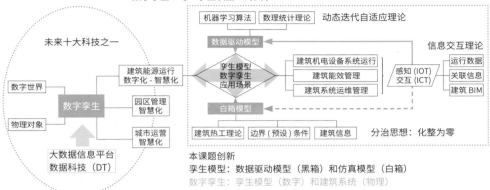

本课题创新
孪生模型:数据驱动模型(黑箱)和仿真模型(白箱)
数字孪生:孪生模型(数字)和建筑系统(物理)

图 3-49 孪生模型的框架

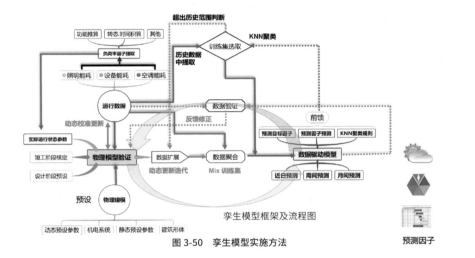

孪生模型框架及流程图

图 3-50 孪生模型实施方法

图 3-51 孪生模型 + 相似能耗类型模式检索的运用

法；基于训练集数据进行建模，并可自行比对模型结果进行优化。

图 3-53 展示了对接入项目的运行数据可视化。

首先是数据接入。平台已构建数据库，可按数据库结构和格式，将实际项目中实时采集的运行数据以及相关信息导入（可编成数据导入接口小程序，也可多种格式文件导入）。平台可持续导入多种形式的数据，关键是按符合数据库规定的字段和数据格式等。

导入的数据可在平台的可视化功能菜单中进行展示、检查，对数据的客观认识对后续建模很重要，这里需要专业的经验和知识。

数据驱动模型依赖于对历史数据的训练学习，而训练集数据的合理选取是关键环节，特别是应用于实际建筑的运行中需要考虑复杂多样的工况下的适应性。如本章对训练集数据的分析与讨论，需要对训练集的选取采取识别和优化的措施。在此基础上合理选择模型算法，图 3-54 展示了预测模型建模的流程。

图 3-55 展示了数据驱动模型对建筑能耗的预测结果，并与实际运行能耗数据实时对照，动态同步检查模型结果。

图 3-56 展示了模型优化的结果，如前文对训练集数据选取的讨论，在建模和实施预测时获取拟预测日参数，检验历史数据是否符合相似工况。如果不是，则对过去历史数据实施广域收搜，获取相适应的训练集数据。对于完全溢出历史经验数据的拟预测情形，需要导入孪生模型机制，借助白箱模型的扩展数据集进行增强和补充，以确保模型的适应性和可靠性。如图 3-56 所示，优化后的模型质量得到显著提升，尤其是季节转换、大型节假日前后等设备系统运行工况发生异变的情形，这样的优化具有重要现实意义。

集全国多家科研机构、高校研发力量，通过国家"十三五"重大研发计划项目打造了建筑全国全过程运行数据挖掘、应用的平台，如图 3-57—图 3-58 所示。

当前随着数据大屏技术进步，数据可视化的作用已越来越被认知，数据大屏的集成工作也远比过去变得省力和高效。

当前流行的数据可视化技术主要以大屏幕为载体，数据库技术为支撑，平台可实现组态、定值图表，多呈现"大屏幕、炫酷动效、丰富色彩"的特征。大屏易在观感上给人以震撼印象，营造数据时代的独特氛围。利用屏幕面积大、超高分辨率、可展示信息多的特点，近年来在包括建筑能源管理在内的诸多行业得到应用。

数据大屏可实数据多维度的可视化映射，提供更直观、高效的数据洞察和业务分析与管理。

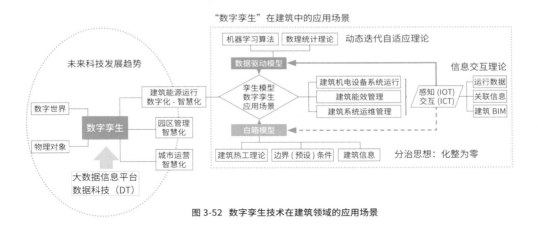

图 3-52　数字孪生技术在建筑领域的应用场景

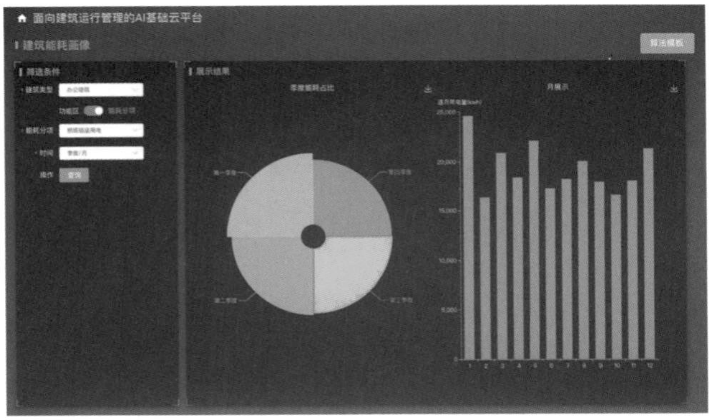

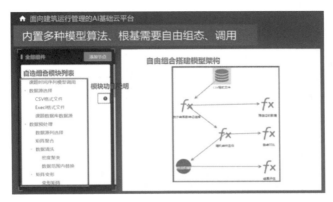

图 3-53　建筑运行数据接入可视化

图 3-54　建筑能耗建模过程的值可视化

这里介绍几个关于数据大屏的基本概念。

（1）可视化映射：是整个数据可视化的核心，指将定义好的指标信息映射成可视化元素的过程。从不同维度分析同一个指标的数据就有不同的结果。在创建可视化映射之前我们需要定义空间基质，然后考虑在基质中布置的图形元素，最后我们将使用图形属性来向用户传达业务的意义。

（2）可视化映射分析常用的 4 个维度：即"联系、分布、比较、构成"。

①联系：数据之间的相关性；

②分布：指标里的数据主要集中在什么范围、表现出怎样的规律；

③比较：数据之间存在何种差异、差异主要体现在哪些方面；

④构成：指标里的数据都由哪几部分组成、每部分占比如何。

数据可视化以更直观的视觉冲击力方式向受众揭示数据背后隐藏的规律，传达数据价值。可以期待大屏数据可视化在智慧城市、建筑能源管理及优化运行等领域发挥重要积极的作用。在数据时代，数据驱动不仅将改变研究方法，也将直接促进效率、推动社会进步。

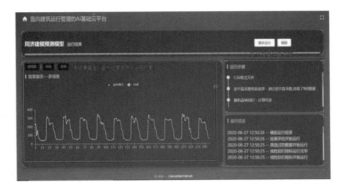

图 3-55 数据挖掘可视化

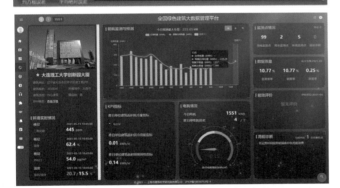

图 3-56 数据建模的优化及结果

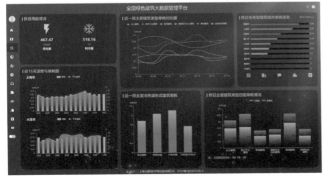

图 3-57 基于数据挖掘的建筑能效管理平台应用案例（主要数据展示）

图 3-58 基于数据挖掘的建筑能效管理平台应用案例（运行诊断分析）

第 4 章   CHAPTER 04

公共建筑能耗数据
应用技术发展与展望

DEVELOPMENT AND PROSPECT FOR
APPLICATION TECHNOLOGY OF
NON RESIDENCIAL BUILDING
ENERGY CONSUMPTION DATA

公共建筑能耗数据是一座待挖掘的宝藏，今后需要花费大量精力建设和维护以确保其质与量，积极发展先进的算法，融合智联网、云计算、大数据技术，完善模型方法和数据服务平台，方能发挥其价值并助力建筑能效提升事业。

日新月异的智联网技术将带来建筑节能领域的模型技术的进步、科研思路的拓展甚至颠覆性革新。

4.1　IT界最新概念解说

未来科技、行业发展都与信息科技紧密相关，这是一个跨界发展的时代。本节对几个关键概念解说如下。

（1）数字孪生

物联网链接数字世界和物理世界，催生未来科技发展——数字孪生，如图4-1所示。

（2）大数据

这是最热，但也是容易误解的概念。大数据具备4V特征，即：Volume数据的质与量；Velocity数据获取的速度频度；Variety数据的维度；Veracity数据的确度。

客观地看建筑领域的情形，其数据规模、维度虽然在扩大，但尚谈不上大数据。特别是建筑能耗相关数据在四个V上都远够不上，但仍有巨大的数据挖掘空间，期待构建数字孪生技术提升建筑能效（图4-2）。

（3）物联网IoT

这是支撑数字孪生科技的基础。IoT（Internet of Things）是基于互联网发展的传感、通信技术，将物理世界与数字世界联系起来，改变了人们的生活方式和甚至思维方式，形成了感知 - 信息传递 - 改变 - 反馈的循环，实现了物理世界与虚拟世界的连接，即虚拟现实系统（Cyber Physical System, CPS）。

基于IoT技术的发展，物理世界物品的价值得以提升，如图4-3所示，从硬件质量价值追求向软件赋能、再发展到服务体验。

IoT包含以下三层结构（图4-4）。

① 硬件设备层：也是感知层，传感器监测数据。

② 边缘网关层：监测的数据集成、向云端传输和反馈。

③ 云计算平台层：数据处理、应用软件执行。

图 4-1 数字孪生与 IoT

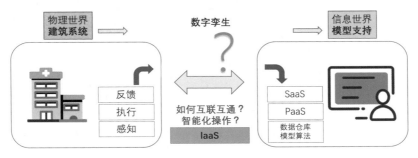

图 4-2 数字孪生概念与建筑领域的应用

图 4-3 IoT 带来的价值评价变化

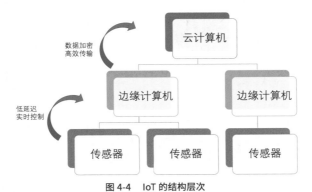

图 4-4 IoT 的结构层次

4.2　数据科技在建筑领域的作用

物联网技术的发展促进了各领域升级和赋能，建筑能源管理领域亦然。

传感器技术、数据通信技术的进步将使建筑用能系统运行数据更全面覆盖、更容易获取、更实时反馈、更精分到末梢。

从而改变建筑能耗数据的质与量，突破传统思维模式和模型方法，连接更智能的服务。

人工智能（AI）是未来科技发展的大趋势，而机器学习是 AI 的一个研究领域，也是实现 AI 的重要支撑基础。AI、机器学习、深度学习三者的关系如图 4-5 所示。

机器学习在建筑领域的应用场景与其他领域有其自身特点和差异性，需要具备专业知识和经验的人参与，特别是在机器学习建模过程的数据准备阶段，模型的成功与否很大程度上取决于数据选取的合理性和提取的特征参数的有效性，建模的大半精力和时间也耗费于此。深度学习是机器学习的进化，实现无须人介入的自主学习。机器学习与人的定位如图 4-6 所示。

数据挖掘技术以机器学习算法为核心，为解决建筑环境及能源工程领域的随机性、非线性等复杂问题提供了一把钥匙。

数字孪生是目前最热的话题，也是未来十大科技发展趋势之一。

支撑数字孪生科技的重要基础是云计算。云计算科技提供了云数据服务，建筑节能监管平台建设正在从单一、孤立的系统走向多元集成化、层级标准化、共享开放性。云服务平台模式如图 4-7 所示，云计算服务中几个重要概念如下。

基础架构即服务（Infrastructure as a Service，IaaS）：这是基本的云服务模型，为用户提供虚拟基础架构（服务器／存储或数据空间）。虚拟化是此模式的关键，允许 IaaS 云服务器供应商根据最终用户（按需）从数据中心的大型物理基础架构池中分配资源。

平台即服务（Platform as a Service，PaaS）：提供商为最终用户（个人／企业）提供开发服务的平台或环境，用户可以在其中开发和运行其专有／内部应用程序。服务可选地可以包括操作系统，编程语言执行环境，数据库和 Web 服务器。

软件即服务（Software as a Service，SaaS）：用户可以访问在云中运行的已开发应用程序（由 SaaS 云提供商管理）。云客户端和云用户不管理应用程序所在的环境／基础架构，从而无须在自己的计算机上安装和运行应用程序。

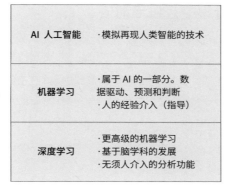

图 4-5　AI 机器学习、深度学习的关系

图 4-6　机器学习与人的定位

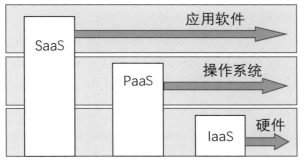

图 4-7　云服务平台模式

4.3　公共建筑能效管理平台技术前沿

物联网、大数据、云计算科技迅速渗透各个领域，未来 5G 通信技术将加速其发展。

目前数字孪生、云计算技术在工业制造领域先行发展，在交通、建筑领域也随之发展起来。起源于 2008 年的"智慧地球"概念（美国 IBM）发展到今天，数字开始改变人们的生活方式，信息化产业已成为任何国家的战略产业。

2009 年我国将物联网列入国家核心发展战略。欧盟启动了物联网行动计划，日本启动了 i-Japan 国家战略。

目前，建筑能源系统管理领域的数据平台建设经过十余年发展开始了从量变到质变的阶段，从过去单打独斗、孤立开发逐渐转向资源整合、重视生态圈发展的道路。

在工业领域工控机产业拥有丰富底层设备制造经验的企业开始进军云服务平台的领域；建筑节能服务的企业开始构建跨领域的云服务市场；传统的自动控制企业从楼宇自动控制（BA）系统及产品转向基于数据科技的建筑节能综合服务供应商发展。

本节聚焦近年来发展起来的建筑能源管理领域的云平台技术。

（1）智慧建筑云平台

图 4-8 展示了一种基于 IaaS、PaaS、SaaS 层级建立的智慧建筑云服务平台构架。从底层设备的信息采集，覆盖了建筑机电设备系统的管理信息、运行参数的获取。

图 4-9 展示了空调间房为对象的云服务平台，形成了从底层设备信息采集、边缘服务器集成处理、云端服务器应用服务 - 远程智能调控 - 现场反应反馈的闭环框架。

在空调系统故障诊断领域，IoT 和 AI 技术的应用潜力巨大。如图 4-10 所示，将从复合现实到扩张现实，进而发展到假想现实。

（1）数据细分化、专业化

在 IoT 技术支撑下空调系统的设备快速进入进化升级，图 4-11 是一个典型案例，由于水泵的变频技术搭载，阀门上压力、流量、开度多信息的感知和集成，管路压力的监测集成一体，使原来空调水泵的粗放的定压控制进化到可以感知末端需求和状况、全局优化决策、自适应控制的程度。为空调系统的能效提升提供了重要支撑。

目前市场的空调产品，小部件的阀门也开始搭载压力、开度、流量等传感功能；水泵产品也向管网延伸，搭载智慧大脑形成控制闭环；空调系统向自适应进化。这些都是 IoT 带来的技术变革。

图 4-8 基于 IoT 技术的智慧建筑云计算平台构架（研华科技资料）

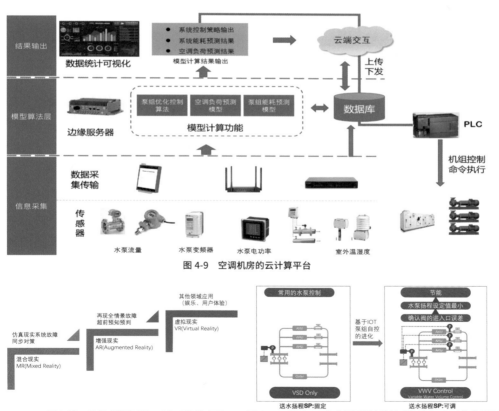

图 4-9　空调机房的云计算平台

图 4-10　IT 技术带来 MR，AR，VR 的应用　　　图 4-11　基于 IoT 的空调泵组自控技术的进化（Azbil 公司资料）

IT 技术逐渐为设备、系统装上智慧大脑，构成数字孪生。图 4-12 展示的是建筑空调系统中泵组系统的应用案例。

空调系统中设备的功能性能都已得到大幅提升，然而由多种设备、多个环节组成的泵组输送系统却一致拖能效的后腿，效率低难掌控，也是空调系统中最棘手、但最具备节能潜力的子系统。通过 IoT、数据驱动模型可感知、可自检、可预测、自适应的智慧泵组系统。

建筑环境与设备系统的数字化进化在设备、环境的数字化进程中得以发展，如图 4-13 所示。

有望建立基于建筑信息模型（BIM）基础，且具有建筑环境及能源工程特色的、覆盖建筑室内环境监测、在室人员活动状态、生理心理感知、机电设备及系统监测等的数字化平台，为提升建筑舒适性及能源利用效率提供支撑（图 4-14、图 4-15）。

4.4　未来的发展趋势

信息化、数字化是今后各领域发展主流，建筑环境与能源工程领域也不例外，把握 IT 前沿，夯实数字化基础，对接 AI 科技是未来该领域的必经之路。同时，建筑环境与能源领域亟待跨界交叉、外延内展，方能构建更智慧、更可持续 的技术体系。下面介绍这方面最新的概念和动态。

1. 建筑的数字化发展

（1）人的关联信息

人的关联信息与建筑环境与能源使用密切相关，建筑室内空间环境的监测，从温度湿度等监测发展到室内人员活动轨迹感知、会议室预约信息、酒店入住、商场人流监测等，都进入全面数字化阶段。人的健康信息在穿戴技术发展中迅速普及（图 4-15）。

（2）建筑业务关联交叉

公共建筑具有多种功能，能源管理不仅需要看供应侧，还需看需求侧的问题。为此，典型公共建筑诸如医院、商场、办公楼、学校等需集成业务关联信息。如图 4-16、图 4-17 所示，医疗建筑涉及医疗业务、护理业务、体检业务、行政业务、后勤业务等多业务部门，需要构建不同的子系统，也需要打通不同业务部门的壁垒，实现数据资源的有效分项、高效利用。

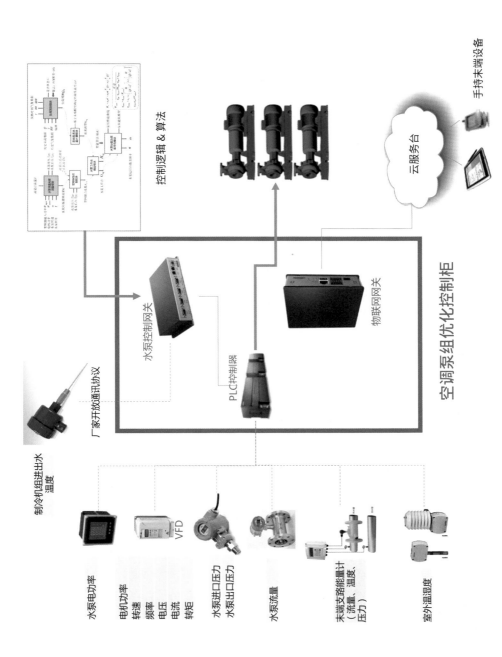

图 4-12 基于数字孪生理念的智慧泵组系统

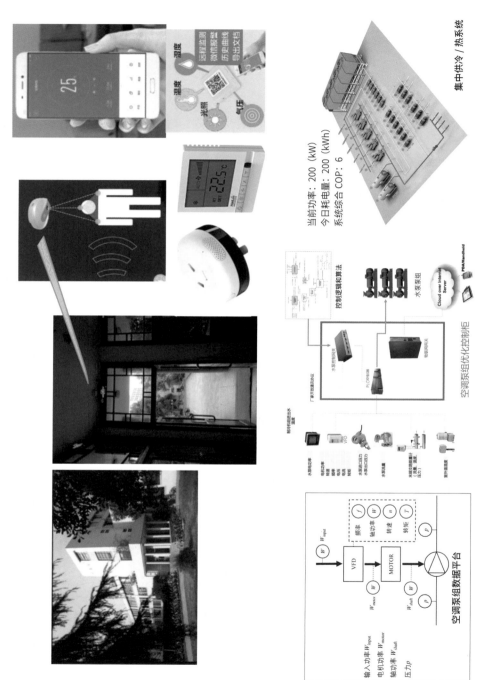

集中供冷/热系统

当前功率：200 (kW)
今日耗电量：200 (kWh)
系统综合 COP：6

控制逻辑和算法

空调泵组优化控制柜

建筑环境与设备系统的数字化进化

空调泵组数据平台

输入功率 W_{input}
电机功率 W_{motor}
轴功率 W_{shaft}
压力 p

图 4-13　建筑环境与设备系统的数字化进化

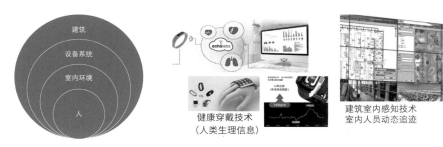

图 4-14　未来数字化层级与对象　　　　　　图 4-15　基于 IoT 的建筑环境、人的信息化

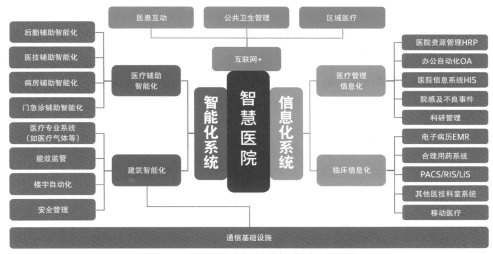

图 4-16　医疗建筑的智慧化平台构架（江森公司资料）

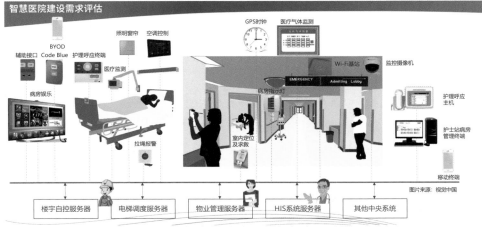

图 4-17　医疗建筑的业务关联与需求（江森公司资料）

　　（3）数据池

　　信息集成打破领域界限，向跨领域汇集、增强数据向互通共享方向发展。最近建成的"中国尊"超高层建筑对信息集成的设计理念是"数据池"。大楼内所有系统的信息数据全汇集成一个数据池，各专业工种可跨专业各取所需，最大程度发挥数据资源的共享利用。数据池还可以扩大至数据湖、数据海（图 4-18）。

　　（4）超高层建筑案例

　　北京的某超高层建筑的数字化进化典型案例如图 4-19 所示，全楼从底层设备到系统，覆盖各工种、各业务板块的信息监测点位多达几十万个，既有秒级的控制数据信息，也有逐时、逐日、逐月、逐年的管理数据，数据集成采用的是数据池概念，各专业板块按需取用，最大程度实现数据资源共享利用。

2. 从单体建筑到建筑群的数字化进程

　　建筑的数字化不能单枪匹马、单打独斗，那样将会是一个个信息孤岛，而难以实现全社会的数字化转型。从智慧建筑、智慧社区，到智慧城市，需要在一个融合的数字空间里协同发展，如图 4-20 所示。基于数字对世界再认识是一个进化的过程，也为人类展示了无限的想象空间，带来巨大的变革。

3. 数字化智慧园区

　　在万物互联、智联的时代，从建筑到社区、城市的运行管理都将走向数字化时代。我们所处的时代从信息化时代走向智能技术时代。作为领军数字及通讯科技的华为公司，提出了未来智慧园区的宏图。本书结合建筑领域的数字化转型发展，摘引其中相关部分内容做一介绍。[32]

　　从时代的发展进程，图 4-21 描绘了四次工业革命变迁的概念，尤其是当前智慧技术革命的内涵。以 5G、AI 和云计算等为代表的新技术，正在推动第四次工业革命，推进各行各业的数字化转型（图 4-22）。

　　物联网、大数据、AI 等新技术驱动了原有技术的更新甚至迭代，同时，也催生了新的需求。形成了双重驱动模式，带来了各行各业乃至全社会的数字化转型。图 4-23 展示了数字化转型的概念和内涵。

　　数据驱动了建筑的运维技术的更新和迭代，让建筑更加智慧。然而，单体的建筑的数字化并不完整，建筑处在社区、园区、城市之中，建筑的运行是为人提供功能的保障和舒适健康的环境，人在建筑—社区—城市中移动和活动，构成了建筑运行的外在参数，

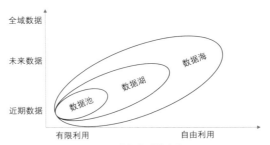

图 4-18　数据集成的未来

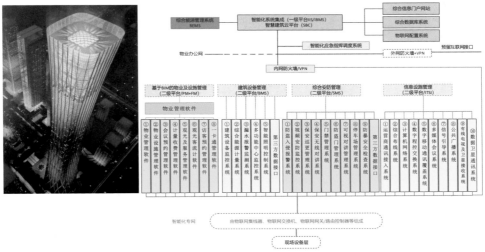

图 4-19　超高层建筑的数据云平台（北京中信大厦）

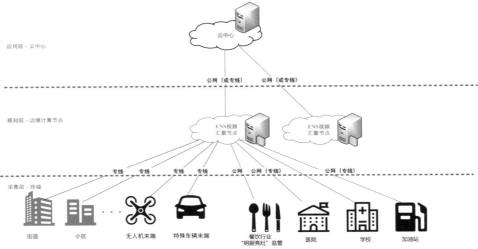

图 4-20　社区的数字化进化

第一次工业革命   第二次工业革命   第三次工业革命   第四次工业革命
18 世纪中叶   19 世纪中叶   20 世纪 60-70 年代   21 世纪

蒸汽机   电力   信息技术   智能技术

智能社会

万物智能
基于大数据和
人工智能的应用

万物互联
将数据变成 Online，
使能智能化

万物感知
感知物理世界，
变成数字信号

图 4-21 智能时代的概念

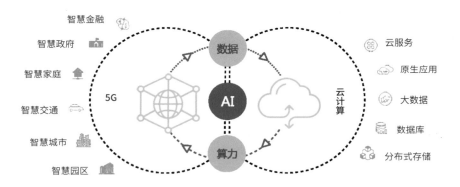

图 4-22   5G+AI+ 云计算构成智能社会核心引擎

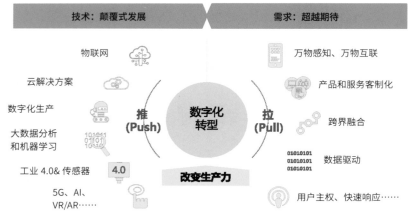

图 4-23 数字化转型的概念

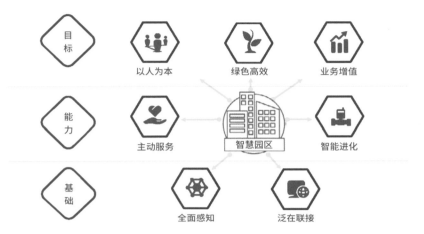

图 4-24 智慧建筑与园区的概念

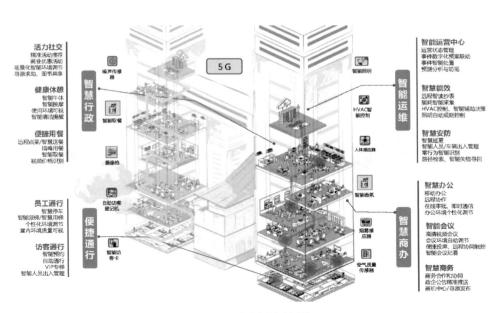

图 4-25 数字融合的智慧建筑

建筑的运行无法与建筑外部割裂，即与园区、城市的联系。而建筑的信息化不能成为孤岛，需要与社区园区的信息化和智慧化同呼吸共运行。因此，需要将智慧建筑与未来的智慧园区关联起来，数字化就是一条串起建筑与园区的纽带。建筑 - 园区的智慧化概念如图 4-24 所示。图 4-25 展示了未来基于数字融合的智慧建筑概念。

全面感知：是基于各类传感器和物联网技术，构成感知神经网络，采集建筑及园区各类状态数据和业务数据，主动感知变化和需求。实现园区内包括建筑设施的资源可视、状态可视，是建筑、园区事件可控、业务可管的基础。

泛在联接：是指借助多种联接方式（有线、无线），联接园区内建筑及设施的管理系统、数据系统与生产系统等，是智慧园区建设的前提，是园区数据聚合的基础。实现园区内人机物事及环境能随需、无缝、安全、即插即用地联接，进而打破数据和业务孤岛，打通垂直子系统，实现数据互通及业务和数据的融合，为智能化打下基础。比如，远程启动空调，可以按照个人使用习惯进行温湿度调节，这就实现了人与物的联接；摄像头识别异常人员进入，触发安防系统报警，这就实现了物与物的联接。

主动服务：是指园区具有主动告警、自动控制调节和辅助决策等能力，园区不再是完全被动地响应需求。借助 AI 和大数据决策判断，实现对建筑及园区物、事及环境等对象的自动控制、自动调节、主动处置，对人进行主动服务和关怀。比如，会议室内视频 / 语音设备会在会前 15 分钟自动启动，自动调节会议室灯光、温湿度等；在会议结束后，自动关闭会议设备，通知保洁人员清洁会议室等。

智能进化：是指在 AI 和大数据等相关技术加持下，实现园区自学习、自适应、自进化的能力。通过智能进化，快速应用新技术，敏捷创新，实现园区自我适应调节、优化和完善。比如，中央空调冷水机组启停时间，可以基于室外环境、温度，室内人员数量等多个因素进行自动调节，使冷水机组运行在最佳性能系数区间，实现温度控制、降低能耗，并通过用户感知与反馈，进行动态调整及完善，直至最优。

以人为本：是指以人的需求作为根本出发点，以人的发展为本，让园区中的人们工作学习更高效，生活更美好。

建筑 - 社区智慧化的基础架构由全连接、全融合、全智能、全开放四个关键理念和技术支撑。用"纵向解耦、横向融合"的设计原则，构建"端 - 联接 - 平台 - 应用"四层架构，实现数字化转型（图 4-26）。

全社会数字化转型对建筑领域带来更大的智慧化空间，如图 4-27 所示，可实现建

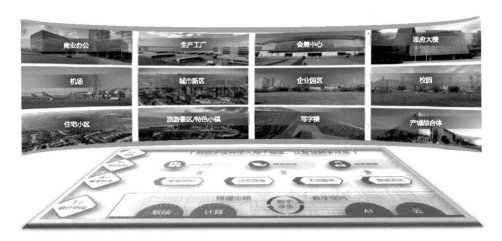

图 4-26 数字底座上的智慧建筑 - 社区 - 城市

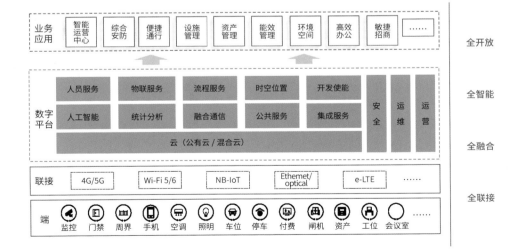

图 4-27 建筑 - 社区智慧化的基础架构

筑能效可视、可控、可优的闭环智慧管理（图 4-28）。

　　未来智慧园区的建设，一定要满足人的健康、安全、 舒适、便捷、社交成长和价值实现等各方面诉求。

　　未来将打破信息数据的孤岛，融合成为一个协同的数字空间，为各行各业提供一个数字底座，与全面感知、泛在联接、主动服务和智能进化等基本特征，作为支撑产城综合体的基础。

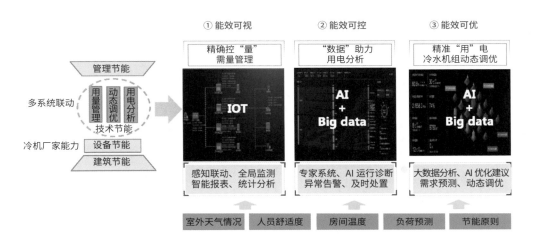

图 4-28 建筑能效可视化 - 可控性 - 可优化功能概念

参考文献

[1] 中国建筑节能协会能耗统计专委会，中国建筑能耗研究报告 [R]. 厦门：中国建筑节能协会，2020.

[2] 徐强，庄智，朱伟峰，等．上海市大型公共建筑能耗统计分析 [C]// 城市发展研究：第 7 届国际绿色建筑与建筑节能大会论文集 . 2011:322-326.

[3] 中国建筑科学研究院，深圳市建筑科学研究院，天津大学建筑节能中心 . 国家机关办公建筑和大型公共建筑能耗监测系统分项能耗数据采集技术导则 [EB/OL]// 中华人民共和国住房和城乡建设部 . 关于印发国家机关办公建筑和大型公共建筑能耗监测系统建设相关技术导则的通知（建科 [2008]114 号).[2008-06-24]. http://www.mohurd.gov.cn/wjfb/200807/t20080702_174380.html.

[4] 同济大学，天津大学，重庆大学，等 . 高等学校校园建筑节能监管系统建设技术导则 [EB/OL]// 中华人民共和国住房和城乡建设部，中华人民共和国教育部 . 关于印发《高等学校校园建筑节能监管系统建设技术导则》及有关管理办法的通知（建科 [2009]163 号).[2009-10-15].http://www.mohurd.gov.cn/kjjb/jstgzcfb/200911/t20091110_196722.html

[5] 国家"十三五"重大研发计划项目组（项目编号：2017YFC0704200). 基于全过程的大数据绿色建筑管理技术研究与示范报告 [R]. 上海，2021.

[6] 李俊，张明，何影 . 深圳 大型公共建筑能耗实时监测系统 [J]. 建设科技，2008(9):28-29.

[7] 清华大学建筑节能研究中心 . 大型公建节能 " 新政 "（之八）大型公建用电分项计量与实时分析系统 [J]. 建设科技，2007(18):25-28.

[8] 王鑫，魏庆芃，沈启，等 . 大型公共建筑用电分项计量系统研究与进展 (2)：统一的能耗分类模型与方法 [J]. 暖通空调，2010, 40(8):14-17.

[9] 中国建筑科学研究院，深圳市建筑科学研究院，天津大学建筑节能中心 . 国家机关办公建筑及大型公共建筑楼宇分项计量设计安装技术导则 [EB/OL]// 中华人民共和国住房和城乡建设部 . 关于印发国家机关办公建筑和大型公共建筑能耗监测系统建设相关技术导则的通知（建科 [2008]114 号）.[2008-06-24]. http://www.mohurd.gov.cn/wjfb/200807/t20080702_174380.html.

[10] 深圳市建筑科学研究院，清华大学建筑节能研究中心，天津大学建筑节能中心 . 国家机关办公建筑及大型公共建筑楼宇分项计量设计安装技术导则 [EB/OL]// 中华人民共和国住房和城乡建设部 . 关于印发国家机关办公建筑和大型公共建筑能耗监测系统建设相关技术导则的通知（建科 [2008]114 号）.[2008-06-24]. http://www.mohurd.gov.cn/wjfb/200807/t20080702_174380.html.

[11] 深圳市建筑科学研究院，清华大学建筑节能研究中心，天津大学建筑节能中心 . 国家机关办公建筑和大型公共建筑数据中心建设与维护技术导则 [EB/OL]// 中华人民共和国住房和城乡建设部 . 关于印发国家机关办公建筑和大型公共建筑能耗监测系统建设相关技术导则的通知（建科 [2008]114 号）.[2008-06-24]. http://www.mohurd.gov.cn/wjfb/200807/t20080702_174380.html.

[12] 中国建筑科学研究院，深圳市建筑科学研究院，天津大学建筑节能中心 . 国家机关办公建筑和大型公共建筑分项能耗数据传输技术导则 [EB/OL]// 中华人民共和国住房和城乡建设部 . 关于印发国家机关办公建筑和大型公共建筑能耗监测系统建设相关

技术导则的通知（建科 [2008]114 号）.[2008-06-24]. http://www.mohurd.gov.cn/wjfb/200807/t20080702_174380.html.

[13] 上海市住房和城乡建设管理委员会，上海市发展和改革委员会 . 2018 年上海市国家机关办公建筑和大型公共建筑能耗监测及分析报告 [R]. 上海：上海市住房和城乡建设管理委员会，上海市发展和改革委员会，2019.

[14] 杨毅，蔡宏武，邢怀岭，等 . 医院建筑能源与设备管理的现状及发展路径分析 [J]. 中国医院建筑与装备，2017 (11):84-86.

[15] 中国中元国际工程有限公司，中国建筑标准设计研究院和住房城乡建设部科技发展促进中心 . 医院建筑能耗监测监管系统建设技术导则 [Z]. 2014.

[16] 邬棋帆 . 医院建筑能耗分析诊断模型研究 [D]. 西安：西安建筑科技大学，2018.

[17] Annual energy review 2011[R]. Washington, DC 20585: U.S. Energy Information Administration, 2012.

[18] Database for Energy Consumption of Commercial Buildings[R]. Japan Sustainable Building Consortium.

[19] 上海市机关事务管理局，上海市建筑科学研究院 . 机关办公建筑合理用能指南：DB 31/T550—2015[S]. 上海：上海市质量技术监督局，2015.

[20] 中挪（大连）能源效率中心有限公司 . 辽宁公共机构办公建筑合理用能指南：DB 21/T2376—2014[S]. 大连：辽宁省质量技术监督局，2014.

[21] 北京市发展和改革委员会，北京建筑技术发展有限责任公司 . 北京市体育场馆合理用能指南：DB11/T 1335-2016[S]. 北京：北京市质量技术监督局，2016.

[22] 北京市发展和改革委员会，北京建筑技术发展有限责任公司 . 北京市医院合理用能指南：DB11/T 1338-2016[S]. 北京：北京市质量技术监督局，2016.

[23] 北京市发展和改革委员会，北京建筑技术发展有限责任公司 . 北京市高等学校合理用能指南：DB11/T 1334-2016[S]. 北京：北京市质量技术监督局，2016.

[24] 北京市发展和改革委员会，北京建筑技术发展有限责任公司 . 北京市政府机关合理用能指南：DB11/T 1337-2016[S]. 北京：北京市质量技术监督局，2016.

[25] 北京市发展和改革委员会，北京建筑技术发展有限责任公司 . 北京市文化场馆合理用能指南：DB11/T 1336-2016[S]. 北京：北京市质量技术监督局，2016.

[26] 上海市文化和旅游局，上海市建筑科学研究院 . 上海市星级饭店建筑合理用能

指南：DB31/T 551-2019[S]. 上海：上海市市场监督管理局，2019.

[27] 李冠男. 基于数据挖掘的制冷空调系统故障诊断与用能模式识别 [D]. 武汉：华中科技大学，2017.

[28] Comparing different clustering algorithms on toy datasets[EB/OL]. https://scikit-learn.org/stable/auto_examples/cluster/plot_cluster_comparison. html#sphx-glr-auto-examples-cluster-plot-cluster-comparison-py.

[29] 住房和城乡建设部标准定额研究所，深圳市建筑科学研究院股份有限公司. 民用建筑能耗标准：GB/T51161-2016[S]. 北京：中国建筑工业出版社，2016.

[30] 陆耀庆. 实用供热空调设计手册 [M]. 2 版. 北京：中国建筑工业出版社，2008.

[31] 弗雷德里克. 马古耳斯，赵海祥. 建筑能耗分析中的数据挖掘与机器学习 [M]. 史晓霞，陈一民，庄俊华，等译. 北京：机械工业出版社，2018

[32] 华为技术有限公司，埃森哲（中国）有限公司. 未来智慧园区白皮书 [EB/OL]. 2020. https://e.huawei.com/cn/material/industry/smartcampus/20b8e6583ecb4f 3ab0fc2f91379ef4fb.

在当今万物智联、数据驱动数字化转型、数据科技赋能全领域的时代，本书涉及的建筑领域也不例外，正在从运行数据的可视化向以数据挖掘对运行优化的赋能，进而向智慧化建筑和城市迈进。

然而，建筑领域有自身的特性，与其他领域例如电商、智能交通等存在显著差异，大数据概念及模型方法等不可机械照搬和套用。

现在智能驾驶技术搞得风生水起，已向 L4 级进军，建筑界也难免心动，对建筑运行的智能智慧化寄予莫大的期盼。建筑领域大数据概念也开始躁动。

然而，在建筑领域对于大数据可能存在一些误解误读。

1. 建筑机电系统运行数据称得上"大数据"吗？

在研究中我们也常看到、听到将"大数据"的概念套在这里的情形。然而笔者不以为然。大数据有其自己的定义、范畴和规律，围绕建筑 HVAC 系统的优化运行，其实质上可获取的数据尚难以具备大数据特征，也未必一定要达到大数据程度。首先，大数据的特征可概括为 4V（Volume 数据的质与量；Velocity 数据获取的速度频度；Variety 数据的维度；Veracity 数据的确度）。而建筑 HVAC 系统运行数据并不完全具备这些特征。对于一个具体建筑、特别是一个系统的运行，其数据的维度、量级有限；而即使是对于巨大城市建筑群，其数据获取的频度和确度也难以同步确保。

2. 建筑能耗模型纳入的特征变量越多越好吗？

在大数据概念下，有些研究致力于寻找更多的变量参数，收集更多的信息，以为这就可以借助大数据技术，以为这会给建模带来更充分的条件。其实，对于具体应用场景的模型需求，对数据的维度也并非想象的那样越多越好，建筑能耗预测模型，特别是实际应用的分项能耗模型多数情形属于少变量模型。

　　其实，即使在大数据理论中，分治理论也是核心内容之一，即从大数据中降维、优化确立最具影响的要素，建立有针对性的模型。

3. 建筑能耗模型可以标准化吗？

　　这是遇到工业合作伙伴时经常问到的问题。从市场角度，基于加速商业应用的需求看这是理所当然的诉求。然而，用于支撑建筑优化运行、基于实际运行数据的数据驱动型模型，隐含这个建筑本身的运行基因、依托于该建筑的历史经验学习。在某种意义上说是属于"一品定制"，而非可封装、复制进而泛用的标准模块。这也许是建筑运行特有的复杂个性（除了外部气象条件、系统特性外，还隐含内部随机的活动条件、建筑运行者人为的管理模式以及未能预见的突发事件等要素的影响）。

　　诚然，数据挖掘的概念、基本方法可以相通，但在数据处理过程中还是存在诸多数据洞察及个性化的处理技术问题。

4. 数据监测的进化与模型的取舍

　　最近见到不少研究建筑中人行为的模型，试图将人的行为动态、心理要素建模与建筑能耗关联。

　　其实在公共建筑中，作为一般居室者的人行为对建筑能耗影响（干预运行）很局限（建筑系统运行时集中管理的），越是大型建筑这种可能性越低。从建筑能耗角度看，人行为中影响建筑能耗的主要要素是在室率，对能耗直接影响的是基于在室率的设备系统运行负荷率，这个随着 IoT 的进化（室内末端设备的传感器及数据通讯技术普及）可以直接获取信息；另一与人行为相关的是在室人数、分布等。这也是在室内环境监测技术普及后直接获取信息。

5．建筑热舒适性环境领域的"以人为本"的误解

常听到要从"以人为本" 出发，试图实现满足人个性（舒适性）需求的运行。其实这在许多情形与节能原则相悖。例如政府办公建筑中基于建筑节能视角的对室内设定温度的约束（冬季不高于 20°C、夏季不低于 28°C），已消除了个人舒适性个性化调节的余地。

"以人为本"有时候是被滥用了，建筑环境中不是以个人为本，而是以绝大多数人对环境满足的公约数为本的。

过去曾有一些研究是结合个性化舒适性与背景大环境合理性的研究（Task Airconditioning），所以需要权衡个人与群体的需求、局部环境与背景环境的统一与协调。

偏离这些基本原则，建筑优化运行的方向就可能走偏了。

6．如何理解各种模型的局限性？

对以建筑优化运行为需求的能耗预测模型，传统的白箱模型难以适应实际建筑运行需要（无法对应随机非线性问题），数据驱动模型无法解释因果关系且依赖历史惯性，却难以适应激变工况。例如，拟预测场景超出历史数据范围时模型失灵，拟预测日前后工况激变时训练集数据需要优化重构等。所谓的灰箱模型其实难寻。

未来所期待的可能是一种复合型的模型机制（而非一个模型），既能应对实际运行中的随机非线性问题，也能具备一定的解释性。

7．建筑机电系统能耗预测的深度学习适用吗？

如前述，本领域并不属于大数据范畴，深度学习模型需要的数据维度、冗余都不足。另外，本领域能耗规律的特质上也并不那么需要深度学习，其他领域场景成功运用的深度学习未必适用于本领域，切忌生搬硬套。

8.PaaS 平台与 SaaS 平台构建的关系

现在不少数据科技类公司基于自身云计算科技优势，以 PaaS 平台优势纷纷"跨界打劫"，自上而下向垂直领域延伸。以 PaaS 整合收编业务应用

的 SaaS。期待构建然完整的数据服务生态链。理想是美好的，现实是骨感的。这些尝试往往难以修成正果。特别是在建筑领域。

过去从暖通专业需求出发的数据平台建设缺乏 PaaS 大格局，各自为政小打小闹不成气候，缺乏续航能力（过去建设的一些数据平台不少已经半生不遂甚至瘫痪），数据科技公司打造的高大上 PaaS 平台多数是大而空，缺乏下层应用的支撑。携手共同开发虽是理想的方式，也并非易事。跨界合作的机制、PaaS 与 SaaS 的有机结合是未来的挑战。

本书基于笔者团队在该领域的一些探索和实践编写。如能提供一些有价值的参考将深感欣慰。因才疏学浅，不妥之处敬请指教。

2020 年 12 月